Johannes Derksen
Hochwürden Kräuterbein

Johannes Derksen

Hochwürden
Kräuterbein

Ein Pfarrer mit Leib und Seele

Die Deutsche Bibliothek - CIP-Einheitsaufnahme

Ein Titeldatensatz für diese Publikation ist bei
der Deutschen Bibliothek erhältlich.

ISBN 3-7462-1506-4

St. Benno Buch- und Zeitschriftenverlagsgesellschaft
mbH, Leipzig 2002
Umschlaggestaltung: Ulrike Vetter, Leipzig, unter
Verwendung einer Zeichnung von Martin Seidel,
Markneukirchen
Illustrationen: Alexander Alfs, Dresden
Herstellung und Satz: Kontext, Lemsel
Printed in the Czech Republic

INHALT

Personalakte Kräuterbein

Es steht amtlich fest, dass es den Namen Kräuterbein nicht gibt. Weiterhin auch nicht einen Mann, der Schuhgröße 55 trägt. Das ist einfach unmöglich. Also lautet der logische Schluss: Kräuterbein gibt es nirgendwo, erst recht nicht dort, wo manche Leser ihn vermuten.

Totaler Irrtum diverser Leser! Und? – Was nun? Wie einst die Göttin Athene dem Haupt des Zeus entsprang, so ähnlich entsprang Kräuterbein der krausen Phantasie eines Diasporapriesters.

„Muss der Zeit haben!"

Zeit oder keine Zeit: Kräuterbein ist ihm entsprungen und läuft nun als hochwürdiger Kaplan und Pfarrer in der weiten Diaspora herum.

Es wird Leser geben, bei denen er bedenkliches Schütteln des Schopfes oder Kopfes auslöst. Vielleicht werden Vereinzelte über ihn lachen, andere Sorgen haben, Bedenken und sogar mutmaßen, wer, wo, was, inwiefern dies so geschehen und wer, wie, was damit gemeint sein könnte. Das ist höchst bedenklich!

Also bitte umschalten! Notfalls auf den Rückwärtsgang, ihr Mutmaßler, ihr eure weisen Häupter Schüttelnden! Habt ihn einfach gern, den mit so großen Schuhen gestraften Kräuterbein! Auch wenn er euer Sorgenkind sein sollte, verzeiht ihm, seid gnädig und barmherzig und lacht einfach! Wer es nicht vermag, der kann ihm leider nicht ganz gut sein. Schade!

Der Hintergrund dieses fröhlich erzählten Lebens ist nämlich ein sehr ernster, besser gesagt, ein düsterer. Das Wirken Kräuterbeins fällt in die Zeit des Naziregimes. Wohl wird dieser dunkle Hintergrund auf den folgenden Seiten mehr als einmal sichtbar. Aber es liegt am leichten Stil dieses Erzählens, dass vielleicht einer, der diese Zeit selbst nicht mit erlebt hat, sich beim Lesen über deren Ernst hinwegtäuschen könnte.

Das ist ganz gegen die Absicht des Autors, hat er doch selbst in dieser Zeit und unter dieser Zeit gelitten. Die – wenn auch nur kurze – Gefängnishaft in der Kriegszeit wird er sein ganzes Leben hindurch nicht mehr vergessen, besonders nicht die Ungewissheit und Angst, ob er nicht ins Konzentrationslager geschickt würde, wo so manche seiner Freunde schmachteten, einige von ihnen auf erschütternde Weise umkamen.

Johannes Derksen

POTENZ UND AKT

Jodokus Kräuterbein saß im schmucklosen Zimmer Nr. 471 des Priesterseminars und schrieb zwei Zeilen auf einen Zettel. Dann stand er auf und heftete das kleine Stück Papier an sein wackliges Bücherregal. Das soeben gelesene Wort hatte es ihm angetan.

„Das kommt auf mein Primizbildchen. Das müsste eigentlich über jedem Portal der geistlichen Studienhäuser stehen!"

Das Wort hieß „… Auch wir sind schwache Menschen wie ihr, nur verkünden wir euch die Frohe Botschaft."

Jodokus Kräuterbein war „Revolutionär".

„Im Mittelalter wärst du längst als Ketzer verbrannt worden", foppten ihn die Kursgenossen.

„Besser, als anständiger Ketzer verbrannt, denn als Lauer ausgespien zu werden", war seine bissige Antwort.

Er durfte sich das erlauben. Er war fünf Jahre älter als seine Kursgenossen, die von der Kriegsnot am eigenen Leibe nichts weiter gespürt hatten als Kohldampfschieben bei Steckrüben und Sägemehlbrot. Kräuterbein aber hatte im Trommelfeuer am Chemin des Dames gelegen und war drei Jahre lang in französischer Kriegsgefangenschaft gewesen. Weil er nach der Heimkehr nicht wusste, was er werden

sollte, war er zuerst in einer Kolonialwarenhand-
lung tätig, bis er mit Beendigung der Lehrzeit diesen Kram mit Heringen, Schmierseife und Sauerkraut satt hatte. Geistige und geistliche Gedanken
ließen ihn nicht zur Ruhe kommen. So ging er zu
seinem Pfarrer und fragte, ob er ihn wohl für fähig
hielte, Priester zu werden.

Pfarrer Pliestermann, der viele Jahre in Berlin ge-
wirkt hatte, sah sich den langen Jodokus mit dem
Doppelkopfgesicht an und meinte lächelnd: „Frü-
her nicht, als die Herren ob der vielen Theologen
scherzhaft sagten: ‚Herr, hör auf mit deinem Segen!‘
Heutzutage aber ist das sicherlich möglich. Fangen
Sie nur ruhig an. Wenn es nichts wird, dann hat
Ihnen ein Stück Philosophie auch nicht geschadet.“

So hatte Jodokus Kräuterbein seine Siebensachen in
einen Riesenkoffer gepackt. Die gute Patentante
hatte aus ihrem letzten Mehl einen Tortenboden
gebacken und mit Apfelmus belegt, den sie dem
„geistlich werdenden Neffen“ oben in den Koffer
legte. Kräuterbein wollte den Riesenkoffer in „Rei-
sende mit Traglasten“ mitnehmen, wurde aber damit an der Sperre angehalten und musste ihn im letzten Augenblick doch noch als Reisegepäck aufgeben.
O weh, als er ihn auspackte! An Tante Zitronellas
Apfelmuskuchen hatte er nicht mehr gedacht: Hem-
den mit Apfelmus, „Nachfolge Christi“ mit Apfelmus, der große schwarze Schlapphut mit Apfelmus,
Messbuch mit Apfelmus! Was er auch auspackte,
war mit Tante Zitronellas letzter Liebe bekleckert.

„Schweinerei!"

Diese Sprache war viele Male in der Zelle erbaulichen Studiums zu hören, dazu die Selbstkritik:

„Ich Rindvieh, Ochse, Esel! Man soll auch nicht auf die Frauleute hören. So ein Mist!… Sauerei!… Schweinerei!… Alle Socken voll Apfelmus!"

Er wusch in dem kleinen Waschbecken die Socken und Taschentücher aus und hängte sie an einem Papierbindfaden am offenen Fenster auf, bis diese Verunzierung des Bischöflichen Priesterseminars die Entrüstung vorübergehender ältlicher Jungfrauen hervorrief.

Es klopfte an der Budentür Nr. 471:

„Kräuterbein, sofort zu ‚Dr. Pieps' kommen!"

Mit weinerlich-piepsiger Stimme wurde er vom Regens ermahnt:

„Unterlassen Sie solche Extravaganzen im Priesterseminar."

Kräuterbein konnte und wollte nichts von der Apfelmusbescherung sagen. Am liebsten hätte er seinen Koffer wieder gepackt. Er war enttäuscht. Schon am ersten Tag fing seine Seele zu revoltieren an:

„Das ist ja ganz anders, als ich mir das Priesterwerden gedacht habe."

Kräuterbein hatte noch nicht die geistliche Lesung über voreiliges Urteilen gehört. Sie kam nämlich erst im sechsten Semester an die Reihe, und Kräuterbein fing doch erst an! Das Studium fiel ihm sehr schwer. Er hatte kein Abitur gemacht, es war ihm nach der langen Gefangenschaft geschenkt worden. Im „Kolonialwarenladen" war seine humanistische Bildung auch nicht weitergediehen. Er seufzte, als er nun jeden Morgen die hochgelehrten Ausführungen über Philosophie hörte. Der Herr Professor auf dem Katheder stand über dem Stoff. Kräuterbein, tief unter ihm, saß unter dem Stoff, und in der Mitte war ein Hohlraum.

Nach Wochen stand er in der Pause beim langen Pater Gregor, der beim Professor seinen Doktor machen wollte, und seufzte:

„Ich kapier' den ganzen Kram nicht. Ich weiß nicht, was der Quatsch von Potenz und Akt soll."

Pater Gregor lächelte:

„Übrigens ist diese Frage selbst schon Philosophie. Kräuterbein, Sie sind ein Philosoph!"

„Ich?" Er besah sich von oben bis unten.

„Ja, Sie fangen an, nach dem Sinn zu forschen. Mit Ihrer entrüsteten Frage nach dem ‚Quatsch' haben Sie philosophisch ausgedrückt: ‚Ignoramus: Wir wissen es nicht.' Nun dürfen Sie nur nicht hinzufügen: ‚Ignorabimus: Wir werden es nicht wissen.'"

„Pater Gregor, bei Ihnen möchte ich Philosophie studieren. Sie schweben nicht in höheren Regionen, in Potenz und Akt."

Pater Gregor machte Mut:

„Sieht alles viel schlimmer aus, als es wirklich ist. Kräuterbein, Sie sind Kaplan in der Potenz. Es ist doch durchaus möglich, dass Sie mal Kaplan werden. Beten Sie nur, dass die Potenz auch in den Akt

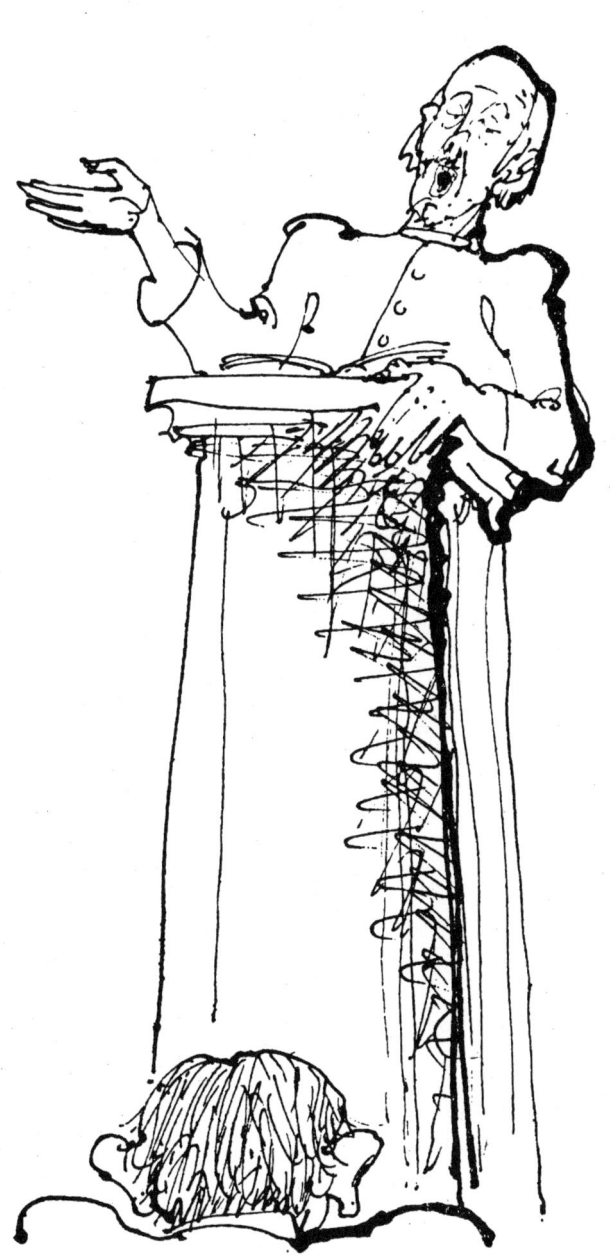

übergeht, dass die Möglichkeit einmal Wirklichkeit wird."

Das half Kräuterbein mehr als manche geistliche Unterweisung von „Dr. Pieps".

Keiner kann für seinen Namen. Auch Kräuterbein hatte den seinen von den Vorfahren geerbt.

„Du hast aber einen komischen Namen", hatte ihm ein Kursgenosse nicht gerade taktvoll gesagt. Kräuterbein kochte. So oft war er schon wegen seines Namens geneckt worden; aber er beherrschte sich:

„Wir lassen uns beide umtaufen."

„Wieso?" fragte ihn der viel jüngere Schulze.

„Du heißt dann Schulziades und ich Herbaepes."

„Wieso?" fragte Schulze noch einmal; denn bei ihm fiel der Groschen meistens etwas spät.

„Du hast doch heute in der Kirchengeschichte gehört, wie die Humanisten ihre Namen latinisiert haben: aus Bauer wurde Agricola, aus Müller Molitor, aus Meier Vilicus. Herbae sind Kräuter, und da ich merkwürdigerweise nur ein Bein von meinen Vorfahren geerbt habe, gehört pes dazu. Also heiße ich Herbaepes. Verstanden? Ich werde den Namen an meine Tür heften."

Der Zettel mit dem neuen Namen hing keine Stunde, da stand Kräuterbein wieder vor „Dr. Pieps":

„Ich ermahne Sie ernstlich, solche Extravaganzen zu unterlassen."

Kräuterbeins Liebe zum Humanismus kühlte sich ab. In den nächsten Tagen stürzte er sich auf den Traktat im dicken Philosophiewälzer. Er hätte noch intensiver studiert, wenn nicht ein ganz gemeiner Geruch seine besonders stark geratene Nase umweht hätte. Das roch nach „Kolonialwarenladen Dünnbier & Co.". Was war das für ein Geruch? Kräuterbein besann sich. Ganz gewöhnlicher Stinkkäse war das. Im Laden lag er deswegen unter der großen Käseglocke. Hier aber duftete er frei und offen. Jodokus riss das Fenster auf, obwohl nun die Mittagshitze ins Zimmer brannte.

„Aus mit Potenz und Akt! Jetzt wird spioniert, wo die Bande mir den Käse versteckt hat!"

Nacheinander kamen Kursgenossen auf seine Bude, um zu fragen, ob er von seinem früheren Chef eine Sendung Limburger bekommen hätte. Kräuterbein ließ sich nichts anmerken, wie sehr es ihn auch wurmte, dass sie ihn übertölpelt hatten. Er war es schon gewohnt, als Zielscheibe des Spottes zu dienen. Nun bemerkte er auch, warum er Budenbesuch bekam; denn über seiner Tür stand nicht mehr 471, sondern 4711.

Kräuterbein durchsuchte das Zimmer. Er kroch unters Bett, er schaute auf dem Schrank nach. Er blähte seine Nasenflügel weit auseinander, um zu erspüren, woher der Geruch kam. Er riss die Schreibtischlade auf, aber nichts war zu finden. Schließlich stürzte er sich wieder auf Potenz und Akt.

„Kräuterbein, es ist durchaus möglich, dass du doch noch den Stinkkäse findest, aber die Potenz ist noch nicht in den Akt übergegangen!" grinste ihn der dicke Philosophieschinken an.

„Schweinerei!"

Er hielt sich die Nase zu und studierte mit offenem Mund. „Das ist ja schlimmer als Gasvergiftung!" schimpfte er.

Sein Philosophieexamen rückte näher: „Ens ut sic, Potenz und Akt, ens rationis cum fundamento in re" – alle diese philosophischen Begriffe waren umweht von Käseduft, waren überschattet von Kräuterbeins Wut, weil die Bande ihn überlistet hatte und weil er den Störenfried nicht fand.

„Das kommt davon, weil ich meinen Kursgenossen so manches Schnurrige vom Käseladen erzählt habe!"

Erst am letzten Tag vor dem gefürchteten Examen entdeckte er das Corpus delicti, als er auf den Spitzen seiner Schuhe Größe fünfundfünfzig – abgetropften Käse bemerkte. Also unter dem Tisch!

„Richtig, da hängt der faule Limburger. Unter den Tisch hat die Bande ihn genagelt!"

Hoch im Bogen flog der Käse zum Fenster hinaus.

In der Nacht schlief Kräuterbein ausgezeichnet, obwohl er am Morgen in seinem Schrank sieben Wecker entdeckte, die alle auf eine andere Nachtuhrzeit abgelaufen sein mussten. Allen freundlich fragenden Kursgenossen konnte er ehrlich antworten:

„Ich habe noch nie so ruhig geschlafen wie vor dem Examen. Ihr glaubt gar nicht, wie beruhigend Stinkkäse für den Schlaf ist."

Kräuterbein wurde wieder zu „Dr. Pieps" zitiert:

„Sie haben gestern nachmittag um drei Uhr etwas aus dem Fenster geworfen. Ich muss Sie ganz ernstlich verwarnen. Theologen, die sich nicht an die Hausordnung halten und dreimal ermahnt werden müssen, haben das Haus zu verlassen, Herr Kräuterbein. Es ist heute das dritte Mal."

Kein Wunder, dass Kräuterbein kochte:

„An solchem Stück Stinkkäse soll mein Beruf hängen, Herr Direktor?"

Die Freude am bestandenen Philosophieexamen war vorbei. Es gab für ihn nur eine Entscheidung:

„Das Semester will ich durchhalten, und dann hier 'raus!"

„DIASCHPOHRA?"

Natürlich brach auch bei Kräuterbein von Zeit zu Zeit die Sorge durch, ob er wohl sein hohes Ziel erreichen und ein echter Priester werden würde – besonders dann, wenn es am Morgen hieß: „Es ist gestern abend wieder einer abgereist."

Da tröstete ihn sein Freund, der fröhliche Franziskaner Toni: „Jodokus, für dich habe ich in der Praxis gar keine Angst."

Und Pater Spiritual meinte:

„Wir bekommen Föhnwind, dann bleiben solche Gedanken nicht aus. Eignung und Wille zum Beruf sind da, und damit basta!"

Nur eines machte Kräuterbein ernstlich Sorge: ob er sich nach Ablauf seiner freien Semester wohl wieder im Heimatseminar zurechtfinden würde. Er wollte nicht mehr zurück. Er brauchte Raum, er brauchte Neuland, er brauchte Niemandsland, geistigen Urwaldboden. Für gutbürgerliche Traditionsgemeinden fühlte er sich untragbar.

„Nur nicht zu einem Pfarrer, der keine neuen Wege wagt, der nach der Methode handelt: ,Es war immer so.'"

In den Ferien fuhr Kräuterbein mit einigen Freunden nach Berlin. Er lernte die Diaspora kennen. Es gab zwar katholische Kirchen in Berlin, aber die Gläubigen waren so in der Minderheit, dass von ihnen in der Öffentlichkeit wenig zu merken war. Er besuchte Pfarrer Pliestermanns frühere Pfarrkirche. Er sah eine Notkapelle im vierten Stock und schauderte vor deren Armseligkeit zurück. Und doch griff sie ihm mehr ans Herz als die schönste Barockkirche. Hier könnte er Kaplan sein, auch sein eigener Küster.

Diese Erlebnisse nahm er mit in seine nächsten Semester. In den achttägigen Exerzitien, mit denen das neue Jahr begann, wollte er sich über alles Klarheit verschaffen. Zufällig erfuhr er, dass ein Altkonviktor, ein Diasporapfarrer aus der Gegend von Finsterwalde, die Exerzitien mitmachte.

Obwohl es streng verboten war, schlich sich Jodokus zu ihm und druckste lange herum, bis er ihn fragte:

„Was muss man mitbringen, wenn man in der Diaspora tätig sein will?"

Der kleine Pfarrer, Mitte der Vierziger, schaute sich den ungeschlachten Nikodemus an und stellte eine Gegenfrage:

„Ich habe in meiner Gemeinde eine Landarbeiterin, die geht jeden Sonntag zwei Stunden weit in die Kirche..." Er machte eine kleine Pause, ehe er fortfuhr: „... und erwartet das zehnte uneheliche Kind. Können Sie das verkraften?"

Kräuterbein schaute den ernsten Priester, der ihm seine Seelsorgenot in einem einzigen Fall so hart darlegte, an und sagte ruhig:

„Ich glaube wohl!"

„Dann können Sie es ja versuchen, aber leicht ist es nicht." Dabei zuckten seine Mundwinkel.

Kräuterbein fragte weiter: „Wie viele Dörfer haben Sie zu betreuen?"

„Nicht viele, nur sechs Städte und sechsundvierzig Dörfer."

„Da müssen ja bei Ihnen miserable soziale Verhältnisse sein. Sie haben wohl viele Rittergüter mit Krautjunkern?"

„Zur Saison wohnen fremde Landarbeiter in Schnitterkasernen. Wenn der Christ den Heimatboden unter den Füßen verliert, ist er oft verloren."

„Erzieht die Frau denn ihre zehn Kinder gut?"

„Ja, so gut es geht. Wir müssten viel mehr helfen können, aber wir müssen selbst betteln, um nur das Notwendigste zu schaffen. Es fehlt an allem."

„Geben Sie mir Ihre Anschrift. Etwas werde ich helfen. Danke schön und gute Nacht!"

Kräuterbein brach die Nikodemusstunde ab. Er hatte noch vier Tage Zeit, darüber nachzudenken, was es in der Diaspora hieß: „den Armen die Frohe Botschaft zu künden".

„Eignung und Wille", hatte der Spiritual gesagt. Kräuterbein wollte wohl; ob er geeignet war, musste sich zeigen. Nach den Exerzitien studierte er alles im Hinblick auf die zukünftige Diasporaarbeit.

In den Sommerferien fragte er Pfarrer Pliestermann: „Was meinen Sie, kann ich wohl in die Diaspora gehen?"

„Tu mal", sagte Pfarrer Pliestermann lakonisch.

Kräuterbein schrieb an das Generalvikariat und bat um Entlassung aus der Diözese, weil er in die Diaspora gehen wollte.

Das Schreiben kam zurück mit dem kurzen Vermerk: „Genehmigt!"

Theologe Jodokus Kräuterbein war Diasporakaplan in der Potenz.

Bei der Priesterweihe ging ein Teil der Potenz in den Akt über. Die alte Haushälterin von Pfarrer Pliestermann sagte bei der Primiz:

„Der Herr Kaplan Kräuterbein geht zu den Heiden in die Diaschpohra."

Was das war, das wusste die gute alte Seele nicht. Kräuterbein wusste es auch nicht. Er kam sich vor wie damals, als er in der Schwimmanstalt auf dem hohen Sprungbrett stand und nicht den Mut zum ersten Kopfsprung fand.

„Tu mal" rief ihm jemand lachend zu. Da konnte er nicht mehr zurück. Er sprang und landete mit einem glatten Bauchklatscher im Wasser.

Ob es ihm jetzt auch so ergehen würde?

Daheim war er nur noch bei Pfarrer Pliestermann. In der Heimatdiözese aber war er abgemeldet.

Kräuterbein packte seinen Riesenkoffer. Tante Zitronella war gestorben. Also fuhr er ohne Apfelmuskuchen in das Land zwischen Erzgebirge und Ostsee, zwischen Oder und Weser.

„KAPLAN NULLIUS"

Es gibt in der Rangliste der kirchlichen Würdenträger einen Prälaten nullius, aber einen „Kaplan nullius" gibt es nur unter geistlichen Spottvögeln, und das bedeutet nichts anderes als: ganz gewöhnlicher Kaplan. Manche sagen auch „nichtssagender Kaplan", was heißt, dass er nichts zu sagen, aber alles zu tun hat.

Niemand holte den „Kaplan nullius" am Bahnhof Großmückendorf ab. Für Kräuterbein war keine Ehrenpforte gebaut, keine Böllerschüsse wurden losgelassen. Er fragte selbst nach der Pomadenstraße, die natürlich niemand kannte.

„Sie meen wohl de Bromenadenschdraße, Herr Farrer, wo de Gadohlsche Gärche is?"

Kräuterbein fühlte sich einerseits angenehm bekrabbelt, schon als Pfarrer angeredet zu werden, wusste er doch noch nicht, dass hierzulande jeder Geistliche ein Pfarrer ist oder ein „Basdr". Andererseits war es ihm peinlich, dass er nach der Pomadenstraße gefragt hatte.

Er schaute noch einmal auf den Brief mit dem Absender seines zukünftigen Pfarrherrn. Er hatte Pomadenstraße daraus gelesen. Da aber der Pfarrer immer Recht hat, machte Kräuterbein eine grinsende Miene:

„Ja, natürlich, ich meine die Prrromenadenstraße, wo die Katholische Kirrrche ist."

Irgend etwas an Jodokus Kräuterbein fiel den Großmückendorfern auf; denn alle schauten ihm nach, grinsten oder tuschelten miteinander. War es, weil der „Basdr" so schwitzte? Er schleppte nämlich zwei schwere Koffer. Den Hut hatte er etwas nach hinten geschoben, sodass sein Kopf mit besonderem Oberkopf sofort auffiel. Die Lippen hatte er weit vorgeschoben. Seine eisenbeschlagenen Treter klapperten auf dem Katzenkopfpflaster. Hunde kläfften ihn an, dann beschnupperten sie ihn auch noch. Als ein Köter sogar das Bein hochhob, derweil der Herr Kaplan seine Bücherkoffer absetzte, stieß er nach ihm. Seine Fähigkeit, Hundegekläff nachzumachen, kam ihm jetzt zugute. Er fauchte „Rrrr wau, rrrr-wau, rrrr-wau", sodass der Köter vor dem merkwürdigen „Artgenossen" den Schwanz zwischen die Beine klemmte und jaulend Reißaus nahm.

„So ä Dierschinder, das sollde mer glei dr Bolezei meldn."

„Ich lass mir doch nicht von so einem Köter die Schuhe verhunzen", grollte Kräuterbein. „Hier gibt's wohl mehr Hunde als Kinder!" Das war ja nun wirklich nicht die erste Kardinaltugend der von ihm mit „gut" bestandenen Pastoraltheologie. Das war eine ganz normale kräuterbeinsche Explosionstheologie. Schließlich war er ja nicht als Vorsitzender des Tierschutzvereins gekommen, sondern als der erste Kaplan der Diasporagemeinde von Großmückendorf.

Die Promenadenstraße führte rings um den inneren Kern des zur Stadt erhobenen Großdorfes. „Promenade" war zwar ein bisschen hoch gegriffen; denn es promenierten außer den vielen Hunden noch Gänse und Enten auf dem Sommerweg des Fahrdammes. Einige Bänke jedoch kündeten, dass der Verschönerungsverein von Großmückendorf etwas für die Kultur getan hatte.

Kräuterbein mochte nicht mehr nach der Katholischen Kirche fragen. Er hoffte, sie schon von weitem zu sehen. Aber er täuschte sich. Der Kirchturm, dem er zustrebte, gehörte zur Evangelischen Kirche. Außerdem hatte er sich in der Richtung falsch entschieden. Er schleppte sich und die beiden Koffer um die ganze Promenade herum, bis er endlich vor Nummer 111 stand. Das war also die Pfarrwohnung!

„Wo ist denn nur die Kirche?"

Er guckte rechts, er schaute links, bis er eine schmale Gasse neben der Nummer 111 fand. Er ging hinein. Dort stand ein Schild: „Katholische Kirche St. Josef". Kein Kirchturm, ein altes Fabrikgebäude aus feuchten Backsteinen. Er trat ein, setzte seine Koffer ab und wollte sich niederknien. Die Bänke waren so eng, dass er nicht ordentlich knien konnte. Wie in einem Hockergrab, sitzend und kniend zugleich, verschnaufte sich Kräuterbein zunächst einmal. Die Existentia, das Dasein, ist das Erste.

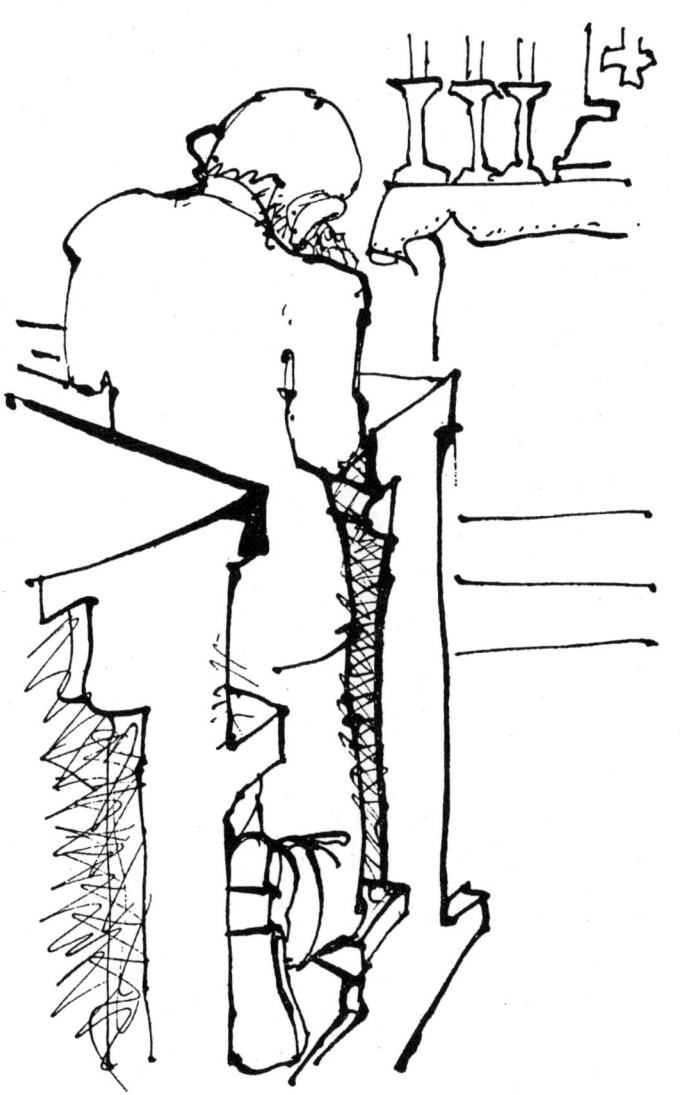

Das Sosein, die Essentia, kommt hinterher. Kräuterbein war da! Sein „Adsum" war nicht so feierlich wie bei der Priesterweihe. Er schwitzte, er keuchte, er schnaufte durch die Nase. Er versuchte zu beten, drum schloss er die Augen; denn was er auf den ersten Blick gesehen hatte, war nicht nur armselig, sondern greulich und abscheulich: Papierblumen auf dem Altar, Fabrikfenster mit Rillenglas und eine Allerheiligenlitanei voll Gipsfiguren.

Aber die Ewige Lampe brannte! Das Entscheidende!

„Der Herr ist da!"

Kräuterbein versuchte zu beten. Zunächst aber musste er seine grollenden Missstimmungen beschwichtigen, die da hießen:

„Gipsfiguren aller Wallfahrtsorte, versammelt euch in Großmückendorf!"

„Alle heiligen Märtyrer... Wer hier eine Stunde zu knien versucht, hat sicherlich vierzig Tage Ablass verdient!"

„Warum gibt es keine Inquisition gegen Pfarrer, die noch Kunstblumen auf den Altären dulden?"

Kräuterbein kämpfte gegen sich selbst an:

„,Nichtssagender Kaplan'... ,nichts zu sagen habender Kaplan'... ,Kaplan nullius', habe Geduld, bis du einmal Pfarrer bist. Dann kannst du versuchen, die Kirche zu reformieren. Bis dahin habe Geduld, viel, viel Geduld! Liegt dir nicht, Jodokus? Bist ein alter Heißsporn... Rom ist nicht an einem Tag gebaut... Du hast ja gesagt, du könntest das mit den zehn unehelichen Kindern ertragen... Es gibt noch anderes in der Diaspora... Die Kirche ist hier keine Kirche... Der Priester ein ‚Basdr‘... und du ein schwitzender, kofferschleppender ‚Kaplan nullius‘."

So krause Gedanken gingen in Kräuterbeins Seele rum, während er zwischendurch stammelte:

„Herr, da bin ich!"

Schließlich setzte er sich. Ein Sonnenstrahl, in dem Millionen Stäubchen flimmerten, fiel aufs Kreuz. Darunter der Tabernakel, in dem der Herr wohnt.

Aus einer Seitentür kam ein Mann im blauen Arbeitskittel. Er band einen Strick los und zog daran. Es bimmelte. Das war wahrscheinlich eine abgebaute Schiffsglocke.

Kräuterbein erhob sich und betete den „Engel des Herrn":

„Und das Wort ist Fleisch geworden und hat unter uns gewohnt."

Er machte eine Kniebeuge vor dem Herrn, der hier in Großmückendorf inmitten einer Raritätensammlung von Kitschfiguren und künstlichen Blumen aushielt.

„Herr, bändige meinen Heißsporn! Ich will ja bei dir aushalten und nicht murren."

Dann packte er seine Koffer, schleppte sie zwei Stockwerke hoch und dachte: „Zu welchem Kaplansbändiger werde ich jetzt wohl kommen?"

Die Klingel ging nicht. Darum klopfte er erst zaghaft, dann kräftiger, bis sich endlich die Tür auftat. Es erschien „sie". Sie wischte sich die nassen Hände an der Schürze ab. Hinter ihr stand ein Besen, das Zeichen ihrer Gewalt. „Sie" aber lächelte.

Pfarrer Grollinski reichte seinem Erstlingskaplan bis ans Kinn. So war es naturgegeben, dass der Pfarrer zu seinem Kaplan hinaufschauen und Kaplan Kräuterbein auf seinen Pfarrer herabschauen musste. Kräuterbein kramte in seinem Gedächtnis nach. Er hatte doch in der Pastoralpsychologie irgendwo gelesen, dass Vorgesetzte kleiner Statur sehr auf ihre Autorität bedacht sind, während große Leute sich viel leichter herablassen können. ‚Kräuterbein, pass auf! – Sage nichts von den Gipsfiguren! Kniebänke sind keine Hockergräber! – Schweige von deinem Studium! – Kräuterbein, mache dich klein!'

Kräuterbein war ganz Ohr, als sie bei Tisch saßen, nein, zwei Ohren, und die standen weit vom Kopf ab. „Als Huthalter", hatte er im Seminar gesagt. Jetzt aber waren sie zum Hören da. ‚Rede, Herr Pfarrer, dein Säuglingskaplan hört zu!'

Pfarrer Grollinski berichtete von der Größe der Gemeinde. Er nannte die fünf Städte und dreißig Dörfer. Der Durchmesser der Gemeinde betrage 35 km, und sie zähle 1835 Seelen.

„Wir sind stolz darauf, seit drei Jahren ein eigenes Gotteshaus hier am Pfarrort zu haben. Es hat viel Mühe gekostet..."

Er blickte seinen Kaplan an und fragte etwas betreten:

„Was hat Sie bei meinen Worten gestört, dass Sie so ironisch lächelten?"

„Ich habe gelächelt, weil ich mir nicht vorstellen kann, dass Sie auf dieses ‚Kitschfigurenkabinett' stolz sind", platzte Kräuterbein heraus.

Pfarrer Grollinski blieb eine Kartoffel im Hals stecken. Als Kräuterbein sofort aufstand und seinem Pfarrherrn auf den Rücken klopfte, war es ganz aus. Mit knallrotem Kopf verließ Pfarrer Grollinski das Zimmer.

Während Jodokus seelenruhig weiteraß, dämmerte es ihm, dass er seinen guten Vorsatz, nur ganz Ohr zu sein, nicht gehalten hatte. Der Anfang hier war noch schlimmer als der Anfang im Seminar mit dem vermaledeiten Apfelmuskuchen.

„Die Koffer sind ja noch gepackt", dachte er.

Nach einer Viertelstunde, in der Kräuterbein auf seinem Stuhl eingenickt war, räumte „sie" ab.

Er schnarchte. Und wie!

Sie versuchte, ihn durch Husten zu wecken. Vergeblich! Er hatte ja den versäumten Schlaf der Nachtfahrt nachzuholen. Die Arme hingen ihm schlaff herunter, der Kopf noch mehr.

Sie tippte ihn mit dem Zeigefinger an. Es half nicht.

Sie sah das Jammergebilde des Herrn Kaplan an und wurde von Mitleid gerührt. Es kam ihr ein rettender Gedanke.

Zum Schnarchen Kräuterbeins gesellte sich bald das Knarren der Kaffeemühle in der Küche nebenan. Da wurde der Kanarienvogel munter und tirilierte als Dritter im Bunde.

Im Garten aber ging mit hastigen Schritten Pfarrer Grollinski auf und ab. Alle sieben Bußpsalmen konnten seinen Groll nicht um drei Grad absinken lassen. Er ging in die Kirche, aber beten konnte er auch dort nicht. Sein Heiligtum, über das er so froh war, hatte sein erster Kaplan in der ersten Stunde seiner Anwesenheit so despektierlich „Kitschfigurenkabinett" genannt! Kein Sonnenstrahl fiel auf das Kreuz. Noch enttäuschter als der Kaplan über die ‚Kirche' war Pfarrer Grollinski über seinen ersten Kaplan. Fünf Jahre hatte die Gemeinde inbrünstig um einen Kaplan gebetet. Nun war er da. „Er" war da! Der heißersehnte Tag war angebrochen. Und jetzt?

„Er muss fort! Lieber will ich allein bleiben als mit einem so respektlosen ‚Konfrater'."

„Sie" war klüger. Sie grollte nicht, sie kannte ihren Bruder. Sie sah, dass der neue Kaplan von der weiten Reise abgekämpft war. Sie hatte ihn schwitzend mit den beiden Koffern vor der Tür gesehen. Mit zwei Händen konnte sie nicht einmal einen Koffer heben.

Sie kochte besonders guten Kaffee und hielt dem Kaplan eine Tasse voll unter die Nase. Kräuterbein erwachte.

„Trinken Sie mal, Herr Kaplan, das tut Ihnen gut."

Kräuterbein schlürfte.

„Das war eine weite Reise!" stöhnte er.

Sie lächelte, als der Kaplan wieder munter wurde. Sie wusste, was in Zukunft ihre Aufgabe war zwischen ihrem Bruder und seinem Kaplan.

Am Altar waren beide Hochwürden. Sie aber hatte schwache Menschen zu ertragen und dafür zu sorgen, dass sie immer wieder fähig wurden, das Starke im Schwachen zur Vollendung zu bringen.

Sie rief ihren Bruder: „Der Kaffee ist fertig!"

Leise flüsterte sie ihm zu:

„Lass dir nichts anmerken, sonst hast du verloren!"

Er knurrte. Dann aber trank er mit seinem Kaplan Kaffee. Den gab es nicht alle Tage. Eigentlich grollte er schon wieder, weil er dachte:

‚Der neue Kaplan bekommt besonders guten Kaffee; mir setzt sie oft genug Muckefuck vor.' Er beherrschte sich aber und sagte:

„Meine Schwester wird Ihnen Ihr Zimmer zeigen. Sie werden müde sein von der weiten Reise."

Da lächelte ihn sein Kaplan freundlich an:

„Ein wenig, Herr Pfarrer."

„Schlafen Sie sich gründlich aus. Ich habe Ihre Messe auf acht Uhr festgesetzt."

„Danke, Herr Pfarrer!"

Kräuterbein schnappte seine Koffer und schleppte sie hinauf. Ein kleines, aber freundliches Zimmer nahm ihn auf. Ein großes Federbett deckte ihn zu. Er hörte nicht, wie „sie" unten mit ihrem Bruder über den neuen Kaplan sprach.

„Du hast so oft den Eheleuten gepredigt: ‚Ertragen und vertragen!‘ Jetzt musst du der Klügere sein!"

Das war die zweite Pille, die Pfarrer Grollinski heute schlucken musste.

„Lege dich auch etwas hin! Es war alles zuviel für dich in den letzten Monaten."

„Ich habe keine Zeit, ich muss noch…"

„Der Herr gibt es den Seinen im Schlaf", unterbrach sie ihn.

Pfarrer Grollinski drehte sich an der Tür seines Schlafzimmers noch einmal um:

„Aber wenn jemand kommt, dann rufst du mich."

„Natürlich."

Sie dachte: ‚Kinder, die müde und verdrießlich sind, gehören ins Bett.‘

AUF DEM MELDEAMT

Auf dem Meldeamt musste Kräuterbein „Knie beugt!" machen, um durch das Schalterfenster dem Diensttuenden von Angesicht zu Angesicht zu begegnen.

„Ihren Ausweis!"

Kräuterbein legte eine lateinische Urkunde über den Empfang der Priesterweihe vor. Solch ein Dokument hatte Polizeiwachtmeister Schmudtke noch nicht in den Fingern gehabt. Er konnte aber „Jodokus Kräuterbein" darauf lesen.

„Herr Greuderbein, was sin Se von Beruf?"

„Kaplan."

„Was is'n das?"

„Katholischer Geistlicher."

„Also Farrer."

„Nein, kein Pfarrer, sondern Kaplan."

„Also Gistr?"

„Nein, ich küsse nicht", sagte Kräuterbein mit todernstem Gesicht.

„Se wolln mich wohl veräbbeln?"

„Keineswegs, aber Sie fragten: ‚Küsst er?' Da muss ich verneinen; denn ich lebe im Zölibat."

„Wo wohn Se?"

„Pomaden… pardon, Promenadenstraße 111."

„Da is scha gor geen Selibad, da is scha de Gadohlsche Gärche."

„Ich wohne nicht in der Kiiirrche, sondern beim Herrn Pfarrer Grollinski."

„Ach so, da sin Se also doch Farrer?"

„Nein, Kaplan."

Polizeiwachtmeister Schmudtke räusperte sich. Dann besprach er sich mit seinem Kollegen, derweil Kräuterbein mit seinen Fingern auf dem Schalterbrett trommelte.

Nach einer Weile erscholl Schmudtkes Stimme: „Geborn?"

„Ja."

„Wann geborn?"

„Fünfundzwanzigsten zehnten achtzehnhundertachtundneunzig."

Polizeiwachtmeister Schmudtke kam wieder ans Schalterloch: „Da ham mr scha beede an een Daache Gebortsdaach."

„Ich werde dran denken."

„So war'sch nich gemeent, Herr Greuderbein."

„Ich bin für Konkordat."

Schmudtke runzelte die Augenbrauen, er dachte nach.

„Ich bin für Übereinstimmung der Herzen…"

„Se sin doch gor nich verheirod', Herr Greuderbein."

„Übereinstimmung der Herzen von Staat und Kirche."

Schmudtke nahm eine stramme Haltung an.

„Da ist es doch wohl richtig, wenn Vertreter von Staat und Kirche miteinander ihren Geburtstag feiern."

„Soll mich frein, Herr Greuderbein, meine Frau is nämlich ooch gadohlsch."

„Dann komme ich ganz bestimmt, Herr Oberwachtmeister."

„Den ‚Ober' genn' Se weglassn."

„Schade, aber wenn ich mal Papst werde, bekommen Sie einen Orden."

„Nu, Herr Greuderbein, das wärn mr wohl nich erlähm."

„Kann man alles nicht wissen."

„Se machn wohl gerne Schbaaß, Herr Greuderbein?"

„Sehe ich so aus?"

„Nu, nich grade... awer ich meene nur von wächn dem Babstwärn."

Er drückte den Stempel auf den Anmeldeschein und reichte ihn hinüber.

Kräuterbein schaute nicht darauf und steckte ihn ein.

„Auf Wiedersehen bis zu unserer Geburtstagsfeier!"

„Das war scha nur Schbaaß!"

„Ich komme; zu trinken bringe ich mit."

Kräuterbein liebte amtliche Scheine nicht, sie waren für ihn notwendige Übel. Erst am Abend las er zufällig seinen neuen Beruf:
Klapphahn von Großmückendorf!

„Das müssen Sie ändern lassen, Herr Kaplan", meinte Pfarrer Grollinski sehr ernst.

„Nein, Herr Pfarrer, das Dokument bewahre ich mir auf, das ist zu schön."

„Sie sind eine Amtsperson, das müssen Sie ändern lassen!"

„Bin ich Ihnen in diesem Fall Gehorsam schuldig, Herr Pfarrer?"

Ohne Antwort zog Pfarrer Grollinski knurrend ab.

„Sie" ging ihm nach:

„Lass dem großen Jungen doch seine Freude!"

„Albernheiten!"

„Er ist ein guter Junge, Wilhelm. Ärgere dich nicht über ihn!"

„Ich will keinen großen Jungen, ich will einen Priester."

„Der versteckt sich hinter dem großen Jungen. Ich habe ihn heute am Altar gesehen, Wilhelm. Unser Kaplan ist ein Priester, verlass dich drauf!"

„Ich soll wohl noch von ihm lernen?"

„Etwas ja."

„Was denn?" fragte er gereizt.

„Unbekümmert Mensch zu sein wie Kaplan Kräuterbein."

„Bin ich vielleicht kein Mensch?"

„Du bist zu sehr Amtsperson. Du darfst ruhig etwas menschlicher werden. Kaplan Kräuterbein ist nach außen noch zu wenig Priester, aber das wird schon werden."

„Du hast einen Narren an ihm gefressen."

„Nein, Wilhelm, aber ich meine, dass der liebe Gott ihn dir und uns gesandt hat zur guten Ergänzung." Pfarrer Grollinski brauchte an diesem Tag keinen starken Kaffee, sein Herz klopfte sowieso vor Erregung.

VOM TIPPELBRUDER ZUM RADFAHRER

Reibt man sich bei zu großer Nähe, dann ist es ratsam, sich möglichst aus dem Wege zu gehen. Also behielt Pfarrer Grollinski die Seelsorge in Großmückendorf, während der neue Herr Kaplan sich draußen im Gelände im Umkreis von 35 Kilometern austoben konnte, natürlich unter der Oberhoheit des gestrengen Pfarrherrn, der sich die Stadt Schwammberg mit eigener Kapelle vorbehielt.

„Geht in Ordnung!" sagte Kaplan Kräuterbein beim Betrachten der Landkarte. Er hatte soeben sein Anfangsgehalt von 180 Mark erhalten. Nach Abzug des Kostgeldes, der Steuer und diverser Beiträge für wohltätige Einrichtungen verblieben ihm noch 57,30 Mark für Kleidung, Bücher und andere Luxusgegenstände.

In der Heimat hätte er mehr Geld bekommen und im Pfarrort bleiben können. Dafür durfte er hier mehr laufen; denn ein pfarramtliches Fahrzeug gab es nicht. Also ‚per pedes apostolorum', was zu Deutsch ‚Tippelbruder' heißt. Nun aber war Großmückendorf nicht nur mit vielen Teichen in der Umgebung gesegnet, sondern auch mit Bergen und Tälern, mit Straßen und Nebenstraßen, mit ehemals asphaltierten, jetzt aber „Loch"straßen aller Art. Dazu waren die Wege geteilt in Fahrwege und Sommerwege, in Katzenkopfpflaster- und Staub- beziehungsweise Morastwege.

Kräuterbein hatte nicht nur große Füße, sondern auch lange Beine. Jeden zweiten Sonntagvormittag sieben Kilometer nach Neuschwalbendorf über die Krumme Höhe, dort im Gasthof „Zum Bären" heilige Messe mit Predigt, anschließend Religionsunterricht für sechs Kinder unterschiedlicher Jahrgänge. Zum Mittagessen wurde er von den wenigen Familien abwechselnd eingeladen.

Am Nachmittag wanderte er dann nur sechs Kilometer weiter nach Kleinbilka und hielt dort in einem Schulzimmer eine Andacht und Gemeindeversammlung ab, zu der meistens fünfzehn bis zwanzig Personen kamen. Von Kleinbilka hatte er nur drei Kilometer bis zum „schnaufenden Elias" an der Bahnstation Pustendorf und war abends gegen 20 Uhr glücklich wieder in Großmückendorf. Er hatte dann, wenn es gut ging, 75 Gläubige an diesem Sonntag um den Altar oder um das Lehrerpult versammeln können.

Nach dem Abendessen sank er todmüde ins Bett, spürte seine beiden „Kräuterbeine" und die daran befindlichen Füße.

Am nächsten Sonntag war morgens die entgegengesetzte Himmelsrichtung dran mit Großpumpendorf und nachmittags mit Linkenheim. Natürlich, zur Ausweitung der Lungen, beide Male bergauf, bergab. Am schönsten bei Regen und Sturm. Dann hing sein großer Schlapphut nach allen Seiten herunter, und das Wasser tropfte ihm in den Nacken.

Als er einmal so pitschenass nach Hause kam, kaufte sich Kräuterbein für die noch übrigen 28,50 Mark einen Regenmantel. Nun war er ein echter Tippelbruder; er hatte kein Geld mehr. Aber das kümmerte ihn wenig. Nur als er hörte: „Die katholische Kirche ist ja sooo reich", erwachte sein wahrheitsliebendes Herz: „Wer hat euch denn *den* Unsinn weisgemacht?" fragte er und zeigte seine leere Geldtasche. Da schwiegen die Männer, mit denen er am zweiten Sonntagabend im Abteil zusammen saß.

Am nächsten Morgen versuchte er Pfarrer Grollinski zu überreden, ein Fahrrad zu kaufen.

Pfarrer Grollinski war sprachlos, bemerkte aber doch:

„Wir haben kein Geld, wir haben noch zweitausenddreihundertsiebenundachtzig Mark Bauschulden."

„Ach, die Gipsfiguren sind noch nicht bezahlt?"

Da lief Pfarrer Grollinski wieder rot an:

„Herr Kaplan!"

„Dann schicken Sie die rosaroten Heiligen doch wieder zurück und kaufen für das Geld ein Fahrrad."

„*Ich* habe alle Wege zu Fuß gemacht."

„Donnerwetter! Alle Achtung! Aber wozu die Tippelei, wenn's mit dem Rade schneller geht?"

„Schreiben Sie an die Behörde!"

„Fährt die denn Rad?" erkundigte sich Kräuterbein.

Pfarrer Grollinski überhörte die boshafte Bemerkung.

„Herr Pfarrer, ich kann für siebenundfünfzig Mark ein gebrauchtes Fahrrad kaufen."

„Dann kaufen Sie es nur. Ich habe kein Geld."

Nach dem Abendessen lag ein Briefumschlag in Kräuterbeins Zimmer. Darin lagen 30 Mark in Geldscheinen. Dazu ein kleiner Zettel in Blockschrift: „Für das Fahrrad. Nächstens mehr. Schweigen Sie!"

Kräuterbeins Seele kam wieder ins Gleichgewicht.

Am nächsten Tag kaufte er das Rad, Marke „Dynamo", auf Abzahlung und fuhr stolz seine erste Runde um die Promenadenstraße.

„Sie" bewunderte das schöne Rad und meinte, er hätte es nicht zu teuer gekauft.

„Ich werde für meine Wohltäter morgen eine heilige Messe lesen, Fräulein Grollinski." Sie errötete.

Kräuterbein war von der „Dichteritis" befallen. Schon im Seminar hatte er diese Versschmiedekrankheit gehabt, wodurch er der Spottlust seiner Mitbrüder anheimfiel. Dann drohte die „Dichteritis" chronisch zu werden, bis ihr der Regens energisch zu Leibe ging. In den Examensnöten verschwand sie schließlich ganz.

Kräuterbein fühlte sich wohl, drum verfiel er wieder der „Dichteritis". Ob er wollte oder nicht, er musste Verse von sich geben:

Der Radfahrer

Seine Miene wird nun helle;
denn mit solchem Fahrgestelle
kann er, ohne sich zu schinden,
weite Wege überwinden.
Auf zwei luftgefüllten Schläuchen
wird er durch die Gegend streuchen,
blickt dabei von luftger Höh'
herab von dem Veloziped,
lächelt freundlich jeden an,
Großmückendorfs Klapphahn.

Diese Verse schickte er seiner Mutter in der heimatlichen Diözese. Er wollte ihr nicht schreiben, wie armselig er sich durchwursteln musste.
In der nächsten Woche:

Alles rennet, rettet, flüchtet,
wird nur der Kaplan gesichtet.
Hunde bellen, Kinder schrein
oder laufen hinterdrein.
Auf den Straßen, auf den Wegen,
da stehn Pfützen, denn's tut regnen.
Doch vergnüglich, froh und heiter
fährt der Fahrer immer weiter.

Unter seinem großen Hute –
ach, wie kommt ihm der zugute –
bleibt er ja ganz pudeltrocken
von dem Scheitel bis zum Socken.

Pfarrer Grollinski ärgerte sich über das Fahrrad.
Da er meinte, es gehörte zur inneren Wahrhaftig-
keit, unangenehme Gefühle seinen Kaplan wahr-
heitsgemäß wissen zu lassen, fragte er:
„Woher haben Sie das Geld, Herr Kaplan?"
Kräuterbein schaute seinen kleinen Pfarrherrn groß
an.
„Haben Sie das aus der Gemeinde?"
„Ja, Herr Pfarrer."
„So, das Geld, das Sie aus der Gemeinde bekom-
men, haben Sie abzuliefern."
„Aha, daher das einnehmende Wesen!"
„Herr Kaplan, Sie machen sich einer Insubordi-
nation schuldig."
„Das müssen Sie mir mal auf Deutsch sagen, Herr
Pfarrer."
„Das verstehen Sie schon. – Von wem haben Sie
das Geld?"
„Herr Pfarrer, können Sie schweigen?"
„Unerhört, solche Frage! Natürlich kann ich schwei-
gen."
„Ich auch, Herr Pfarrer."
„Unerhört!"
„Gehört habe ich das ja nicht, aber gelesen. Bei
dem Geld lag nämlich ein Zettel: ‚Für das Fahr-

44

rad. Schweigen Sie!' Dass ich jetzt das sigillum gebrochen habe, geht auf Ihre Inquisition, Herr Pfarrer."

„Sie haben also für das Fahrrad gebettelt!"

„Ihr Wort ‚also' bedeutet einen logischen Schluss. Die Logik stimmt zwar nicht, aber ich mache Schluss."

„Sie" hatte etwas gehört und rettete die Situation: „Herr Kaplan, ein Anruf von Kleinbilka, Sie möchten zur Frau Knotowski kommen: Schlaganfall."

„Um achtzehn Uhr habe ich Pfarrjugendabend mit Probe für das Theaterstück. Gestatten Sie, Herr Pfarrer, dass ich mir ein Auto bestelle?"

„Ein Au-au-au-tooo?" quoll es aus dem puterroten Gesicht. „Ich soll ja kein Fahrrad benutzen, Herr Pfarrer."

„Wer hat denn das gesagt?" fragte „sie" dazwischen.

„Kein Wort habe ich davon gesagt. Nehmen Sie Ihr Rad und sorgen Sie dafür, dass Sie um achtzehn Uhr wieder hier sind, sonst gehen mir die Jungen an die Apfelbäume."

„Das wäre allerdings ein Sakrileg, das verhütet werden muss." Pfarrer Grollinski konnte nicht mehr antworten; denn Kräuterbein war schon in der Sakristei, packte die Versehungstasche und holte das Allerheiligste aus dem Tabernakel. Während der Kniebeuge dankte er ganz leise:

„Lieber Heiland, das Fahrrad wird jetzt durch dich legitimiert."

Er hatte dem Heiland viel zu erzählen auf seiner Fahrt. Er fuhr schnell, aber nicht hastig. Er fuhr geradezu feierlich. Er legte beide Hände an die Lenkstange, trat gleichmäßig die Pedalen, schaute weder nach rechts noch nach links. Er fuhr noch feierlicher als ein Chauffeur, der den Papst nach Castel Gandolfo fahren darf. Er sagte zum Herrn, den er auf der Brust trug:

„Lieber Heiland, lass die Luft hinten bitte halten. Ich habe nämlich keine Luftpumpe bei mir. Die habe ich einem Jungen aus der Pfarrjugend gegeben. Der hat natürlich vergessen, sie mir wiederzubringen. – Lieber Heiland, die Oma Knotowski kam immer in die Kirche, ich meine in den schrecklichen Saal, wo Männer mit großen Bärten als Apostel an den Wänden hängen. Aber ihre Kinder sind nicht richtig verheiratet. Mach doch bitte, dass sie sich jetzt bekehren, wenn die Oma stirbt. – So, jetzt muss ich abspringen und schieben. Schieben und beten kann ich nicht zugleich, aber ich denke an dich, Herr."

Kräuterbein schob, er schob wirklich feierlich. Aber hier hatte die Straße so viele Schlaglöcher mit Pfützen, dass er nur in kleinen Kurven die Straße aufwärts schwitzte.

„Abwärts muss ich besonders aufpassen, lieber Heiland. Jetzt kommt ein bisschen Sturm auf dem See Genesaret."

Er segelte wieder in voller Fahrt:

„Ihr Berge und Hügel, lobet den Herrn!
Ihr Bäume und Sträucher, lobet den Herrn!

Ihr Vögel und alles, was fliegt, lobet den Herrn!"
Kräuterbein spuckte. Er hatte eine Mücke ver-
schluckt.

„Euch Mückenzeug habe ich nicht gemeint!"
Sein Hut rutschte durch den Windzug nach hinten. Da griff er schnell nach seinem Kalabreser
und zog ihn in die Stirn. Im gleichen Augenblick
fuhr er durch ein Schlagloch. Das Wasser spritzte,
und das Rad schaukelte bedenklich. „Danke, lieber Heiland, dass das gut ging!" Nach einer halb-
stündigen Fahrt sprang Hochwürden vor der Woh-
nung der Knotowskis in der Schnitterkaserne des
großen Rittergutes ab: „Deo gratias!"
Als er seine Versehungstasche losschnallte, schaute
er auf das Hinterrad. Das sah sehr nach Plattfuß aus.
Die steile alte Holzstiege krächzte ebenso wie Oma
Knotowski. „Gelobt sei Jesus Christus!"
„In Ewigkeit. Amen", musste Kräuterbein selbst
antworten. Er sah sofort, dass für seinen Besuch
nichts vorbereitet war.
Die Schwiegertochter gab ihm die Hand.
„Oma Knotowski, ich habe Ihnen den lieben Heiland mitgebracht."
„O Jesus!" war die einzige Antwort.
Kräuterbein wusste nicht, wohin er das Allerheiligste legen sollte.
„Dann wollen wir mal den Tisch abräumen", bat
er die Schwiegertochter. Es sah nicht so sauber aus
wie bei Fräulein Grollinski in der Küche. Kräuterbein packte selbst zu.

„Jetzt wollen wir auch noch den Tisch abwischen." Das alte Wachstuch hatte es nötig.
Kräuterbein legte ein ausgedientes weißes Altartuch auf und packte seine Tasche aus. Er angelte vom Fensterbrett zwei Geranientöpfe, montierte sein Stehkreuz zusammen, stellte zwei Leuchter dazu, zündete die Kerzen an und legte das Allerheiligste auf den sauberen Tisch. Nach einer Kniebeuge stellte er das heilige Öl mit Watte und Salz dazu. Dann zog er Talar, Rochett, Kragen und Stola an.

„Das is scha genau wie in dr Gärche", meinte die Schwiegertochter.

„So, jetzt muss ich mal mit der Oma allein sein. Ich rufe Sie gleich wieder herein."

Nach einer halben Stunde war die heilige Handlung vorbei.

Während Kräuterbein sich für die Rückfahrt rüstete, kramte Oma Knotowski unter ihrem Kopfkissen und drückte dem Kaplan ein großes Geldstück in die Hand.

„Kommt gar nicht in Frage, Oma Knotowski. Sie brauchen das selbst."

Keine Widerrede half, auch die Schwiegertochter nickte ihm zu:

„Das hammr for de Gärche iebrich."

„Vergelt's Gott!"

17 Uhr 30 stand Kräuterbein vor seinem Fahrrad.

„Luft! Woher bekomme ich Luft? Haben Sie hier eine Luftpumpe?"

„Da müssen Sie schon zum Schmied gehen."
Der Schmied beschlug gerade einen störrischen Gaul. Kräuterbein entdeckte bei ihm eine Luftpumpe. Der Schmied nickte:
„Genehmigt!"
17 Uhr 40 strampelte Kräuterbein wieder los. Er nahm sogar den Berg, ohne abzusteigen. Jetzt betete er nicht. Er redete beschwörend:
„Ihr Hühner und Gänse, nehmt euch in acht!"
Sie stoben nur so zur Seite, als führe der Schwarze in sie hinein. Aber kein Tier kam zu Schaden.
Als die Glocke von Großmückendorf den „Engel des Herrn" bimmelte, stieg Kräuterbein ab. Lächelnd überreichte ihm jetzt Peter Schnorrkowski die Luftpumpe.
Der Kaplan betrat des Pfarrers Kanzlei. Fünf Mark legte er ihm auf den Schreibtisch.
Pfarrer Grollinski schaute erstaunt. „Von Frau Knotowski."
Der Pfarrer starrte das Geldstück an. Er hatte noch nie fünf Mark bei einem Versehgang bekommen.
„Ich wollte es nicht annehmen, aber ich musste. ‚Das hammr for de Gärche iebrich', hat die Schwiegertochter gesagt."
„Die Schwiegertochter? Die sind ja noch gar nicht getraut."
„Kommt auch noch", sagte Kräuterbein siegesbewusst.
„Nehmen Sie die fünf Mark für Ihr Fahrrad, für Reparaturen!"

Kräuterbein blieb die Sprache weg.

„Danke, Herr Pfarrer!" Mehr brachte er nicht heraus.

„Von den Jungen darf sich jeder drei Äpfel vom Baum nehmen, der in der Mitte steht, aber nicht schütteln."

Kräuterbein dachte: ‚Sieh da, auch Pfarrer können sich bekehren.'

Die Jungen übten sich gerade im Psalmwort: „Was toben die Heiden?", als der Kaplan bei ihnen aufkreuzte.

„Jetzt muss jeder erst drei Äpfel vom Baum in der Mitte pflücken, aber nicht 'runterschütteln."

„Is'n dr Farrer nich da, Herr Gablahn?"

„Der hat's befohlen."

„Das hat's scha noch nie gegähm."

„Quatsch nicht, Krause, pflücke Äpfel, aber nur drei!"

Die Ouvertüre zur Probe „Der Wurm, der am Herzen nagt" begann mit Äpfelkauen.

„Ich hab'n Wurm schon", rief einer lachend und zeigte die fette Made in seinem Apfelkriebsch.

„Heute ist Freitag, den darfst du nicht essen!"

Alle lachten, aber keiner hatte seine Rolle gelernt. Sie stammelten steinerweichend.

„Ihr seid eine ganz faule Bande. Lernt eure Rollen! Ich komme in einer Stunde wieder."

Sie mussten jetzt wirklich lernen, derweil ihr Kaplan Brevier betend unter den Apfelbäumen hin- und herging.

DER WURM, DER AM HERZEN NAGT

Auch die Gemeinde Großmückendorf mit ihren städtischen und dörflichen Trabantengemeinden beging alljährlich das Kirchweihfest. Am Vormittag mit „dreispännigem" Hochamt, bei dem der Kaplan aus Kleinnieselwitz aushalf.

Der Kirchenpatron, der heilige Josef – nicht der richtige, sondern der gipserne –, stand auf hohem Postament, umstrahlt von fünfzig farbigen Glühbirnen. Das stolze Werk des Elektromeisters Flimmermann, der zum Kirchenvorstand gehörte.

Kräuterbein wütete für sich über diese billige Kinoreklame in der Kirche. Er nahm zwar seine aufkochenden Umsturzgedanken zusammen, aber sie ließen ihm keine Ruhe. So machte er sich in einer unbewachten Stunde an der Lichtleitung zu schaffen.

O weh! Während des Hochamtes geschah das Schreckliche: Die bengalische Beleuchtung hatte Wackelkontakt. Mal wurde der heilige Josef feierlich angestrahlt, mal stand er wieder in seiner gipsernen Schönheit, weshalb der Herr „Kirchenfürstand" neben seinem Zylinderhut nervös hin- und herrutschte.

Pfarrer Grollinski lief bald rot, bald blau an, während Kräuterbein mit unschuldigem Gesicht im Altarraum stand, als hätte er in seinem Leben nur mit Gaslaternen zu tun gehabt und nie mit elektrischem Licht.

Die schöne Festpredigt von Pfarrer Grollinski verfehlte ihre Wirkung; denn alle Männer und besonders die Jungen der Pfarrjugend schauten interessiert auf den heiligen Josef, ob sein Strahlenkranz ausging oder anging.

„In strahlender Schönheit steht nun der heilige Josef in der Herrlichkeit…" – ging aus.

„Selbst in den dunkelsten Stunden seines Lebens…" – ging an.

„Als der Stern über dem Stall zu Bethlehem leuchtete" – ging aus – „und der finstere Herodes dem Kind nach dem Leben trachtete…" – ging an.

„Der heilige Josef begrüßte ehrfurchtsvoll die Heiligen Drei Könige" – ging aus.

„In Ägypten fand die Heilige Familie finsterstes Heidentum" – ging an.

„Als Herodes gestorben war, erschien der Engel" – ging aus.

„Küster, stellen Sie mal das Licht ab!" – Da ging es an.

Pause.

Pfarrer Grollinski schwitzte, Kräuterbein saß feierlich auf seinem Platz, die Gemeinde hustete, Flimmermann war in seiner Berufsehre getroffen.

Noch ein paarmal wurde der heilige Josef an- und abgestrahlt, bis Hilfsküster Piesecke endlich die Sicherungen herausgedreht hatte. Pfarrer Grollinski konnte nun ungestört weiterpredigen, aber die Spannung war fort.

Als Flimmermann nach dem Hochamt den Lampenkranz reparieren wollte, sagte Pfarrer Grollinski barsch:

„Montieren Sie die Beleuchtung ab!"

Flimmermann war zutiefst beleidigt.

Das besonders gute Mittagessen mundete dem Pfarrer nicht, dafür aber seinem Kaplan, weil er sich mit dem jungen Mitbruder aus Kleinnieselwitz über das neue Heft der Christlichen Kunst unterhalten konnte. Er fragte ihn ziemlich laut:

„Hast du den Artikel über Beseitigung von Kitschfiguren gelesen?"

Ein Bote brachte einen Brief, in welchem Flimmermann seinen Austritt aus dem Kirchenvorstand erklärte.

„Auch das noch!"

Zur Vesper am Nachmittag erschien die Geistlichkeit der Umgebung. Vor dem heiligen Josef stand jetzt ein siebenarmiger Leuchter. Kräuterbein hatte ihn zur Primiz geschenkt bekommen und nun als „Ersatz" für die Flimmerbeleuchtung aufgestellt.

Beim Kaffeetrinken lobte der Dechant aus Kleinnieselwitz den geschmackvollen Leuchter und sagte harmlos: „Pfarrer Grollinski geht uns mit gutem Beispiel voran. Das warme Licht der Kerzen ist viel schöner als eine elektrische Beleuchtung."

„Und flimmert auch nicht so", fügte der unverbesserliche Kräuterbein mit kauenden Backen hinzu.

Pfarrer Grollinskis Augen blitzen ihn an.

Im Saal des Gasthofs „Zur wilden Sau" rollte der weltliche Teil des Kirchweihfestes programmgemäß ab. Der Kirchenchor unter Leitung von Lehrer Piefke sang vierstimmig. Kräuterbein konnte es nicht unterlassen zu meckern:

„Vielmehrstimmig."

„Es blüht der Blumen eine",

„Ach, wie ist's möglich dann" und als Höchstleistung:

„Alleweil ein wenig lustig,
alleweil ein wenig durstig,
alleweil ein wenig Geld im Sack,
alleweil ein wenig Schnupftabak,
allzeit so, so!" –

wobei Lehrer Piefke seine Schnupftabakdose herausholte und seinen Sängern eine Prise anbot.

Der Saal klatschte tosenden Beifall.

Nur die Primadonna des Kirchenchores war empört: „Ordinär!"

Kräuterbein schminkte inzwischen seine Jungen hinter der Bühne und gab letzte Regieanweisungen.

Pfarrer Grollinski bestieg das Podium. Kleine Leute brauchen diese Erhöhung, sonst werden sie übersehen. Er dankte:

„… für die klassischen Leistungen des Kirchenchores unter der bewährten Leitung unseres hochverehrten Herrn Lehrers Piefke. Vor allem aber unserer Nachtigall, Fräulein Amalie Superien – „Suppengrün", sagten die Jungen hinter der Bühne laut – „gilt unsere höchste Anerkennung."

Er überreichte ihr einen Blumenstrauß mit einer Schleife „Für besondere Leistung!".

Nach der Pause hob sich der verschlossene Plüschvorhang, und das von Pfarrer Grollinski höchstpersönlich ausgesuchte Stück „Der Wurm, der am Herzen nagt" ging über die Bretter.

Kräuterbein hatte diese rührselige Bekehrungsgeschichte eines Einbrechers mit seinen Jungen nur mit Widerwillen eingeübt. Zur Belebung hatte er noch eine Schießereiszene mit dem Einbrecher und den ihn verfolgenden Polizisten eingefügt, was für die Jungen den Höhepunkt bildete, wobei aber der Pfarrer sich nicht entsann, diese Stelle im Manuskript gelesen zu haben.

Polizeiwachtmeister Schmudtke saß in Zivil mit seiner Frau hinten im Saal und bemusterte, wie sachgerecht die Jungen den Einbrecher schließlich überwältigten.

Es wurde zwar ein bisschen ungewöhnlich viel geschossen, sodass einige mittelalterliche Frauen oft erschraken. Die Jungen aber spielten mit Begeisterung. Das war für Kräuterbein entscheidend. In der Bekehrungsszene trat ein Priester auf. Pfarrer Grollinski hatte seinem Kaplan gegenüber Bedenken ausgesprochen, ob die Szene wohl auch würdig genug gespielt würde. Aber weil der Kaplan aus

Kleinnieselwitz die Rolle selbst übernehmen wollte, war er damit einverstanden.

Und doch platzte der Saal vor Lachen los, die Heiterkeit wollte kein Ende nehmen. Kaplan Schmiergel trat sehr würdig auf, aber er hatte beim Eintreten in die Zelle Pfarrer Grollinskis alten breitkrempigen Hut auf.

Pfarrer Grollinski rutschte auf seinem Stuhl hin und her. Erst als der Hut ruhig auf dem Schemel der Gefängniszelle lag, beruhigte sich der Saal, und Kaplan Schmiergel bekehrte den Einbrecher, der reumütig bekannte, wie lange schon der Wurm an seinem Herzen genagt hatte.

Kräuterbein schminkte seine Schauspieler besonders langsam ab, um nicht so bald in den Saal gehen zu müssen.

Es folgte nun der gemütliche Teil. Die Tische wurden an die Wände des Saales gerückt, und Pfarrer Grollinski begrüßte seine Gemeindemitglieder an den einzelnen Tischen.

Die Musikkapelle der Gemeinde unter Leitung von Stabsmusiker a. D. Schnurrhenne spielte zum Tanz.

Zwischendurch sang die „Nachtigal!" einige Lieder. Pfarrer Grollinski traute seinen Augen nicht, als nun sein alter Hut in der Hand des Gemeindekomikers Gulp auftrat. Wieder dröhnte der Saal, und wieder lächelte der Pfarrer süßsauer.

Was früher noch nie bei ähnlichen Veranstaltungen geschehen war, das geschah jetzt: Pfarrer Grollinski, wie alle kleinen Leute auf seine Autorität wohl bedacht, wurde öffentlich glossiert.

Alle schauten zu ihm hin.

„Mein neuer Kaplan!" In Pfarrer Grollinskis Innerem kochte es. Da traf sein Blick, wie zufällig, seine Schwester. Konnte das wahr sein? Sie lachte und klatschte in die Hände!

„Wie schön ist's, wenn man dann und wann
sich mit n'em Hut bedecken kann!"

Herr Gulp lächelte seinen Pfarrherrn freundlich an:

„Vor allem unsre schwarzen Herrn,
die tragen einen Hut sehr gern.
Bei ihnen hat so'n Hut mitnichten
so allerlei Bedeckungspflichten."

Kräuterbein erschien mit tiefernstem Gesicht und setzte sich mit Kaplan Schmiergel drei Stühle weit vom Pfarrer entfernt.

„Je größer die Gedankenfülle,
je größer muss auch sein die Hülle,
die den immensen Intellekt
vor Wind und Regen gut bedeckt,
damit der geist'ge Spiritus
nicht ungenützt verdunsten muss,
weil eines solchen Kopfes Spalten
der heiligen Ideen viel enthalten."

Als der Saal wieder tobte und Herr Gulp sich ge-
flissentlich Zeit nahm, um die Lachsalven verebben
zu lassen, drohte Pfarrer Grollinski lachelnd
seinem Kaplan mit dem Finger.
Kräuterbein lachte nicht. Er setzte ein Gesicht auf,
als könnte er nicht bis drei zählen.

> *„Da ist ein Lager von benötigten*
> *diversen Stoffen für die Predigten.*
> *Dazu n'e Rolle roter Faden,*
> *mitunter auch mit Groll beladen."*

Das war zu deutlich. Pfarrer Grollinski lachte jetzt
nicht. Schnell sprach der Deklamator weiter:

> *„Den meisten Kummer machen Seelen,*
> *die sich gelangweilt abseits stellen.*
> *Auch drückt sich's Kirchenpublikum*
> *am liebsten meistens hinten 'rum."*

Da klatschte Pfarrer Grollinski Beifall, und Kräuterbein grinste seinen Pfarrer liebevoll an. Herr
Gulp holte ein Riesenthermometer hervor:

> *„Bekanntlich ist, das weiß wohl jeder,*
> *ein Hut auch Stimmungsbarometer."*

Herr Gulp setzte sich den Hut auf und zog die
Krempe vorne nach unten:

„Neigt er sich diagonal nach vorn,
so hat sein Träger meistens Zorn."

Die nächsten Verse gingen im Beifallssturm unter:

„Dann ist's nicht klug, zu ihm zu gehn,
man lässt sich lieber gar nicht sehn."

Pfarrer Grollinski fühlte sich wie Sankt Laurentius auf dem Rost gebraten, aber er sagte nicht: „Dreht mich um!" Ja, es siegte seine pastorale Klugheit. – Er lachte mit.

„Wird mal Staatsbesuch erwartet,
vielleicht die hohe Exzellenz,
wird gestriegelt und gebügelt,
bis der Hut auf Hochglanz glänzt."

Herr Gulp nahm den Hut ab, wischte ihn rundherum mit dem Ärmel ab und hielt hinter den Hut einen goldenen Heiligenschein.

„Es passiert dem besten Christ,
dass er manchmal pleite ist.
Wunder tut dann so ein Hut,
wenn man ihn umdrehen tut,
und man hält ihn ganz bescheiden
vor die Nase dann den Leuten."

Herr Gulp verneigte sich. Der Saal trampelte wieder Beifall. Da ging Kräuterbein zur Bühne, nahm den Hut in Empfang und ging damit von Tisch zu Tisch. Alle drängten, ihre Gabe hineinzuwerfen. Sogar Scheine flogen hinein.

Pfarrer Grollinski unterhielt sich indessen mit dem Dechanten über seinen ersten Kaplan.

„Der Gerechte muss viel leiden, Herr Konfrater; aber freuen Sie sich, dass Sie einen Kaplan haben, der soviel Humor hat."

„Er untergräbt meine Autorität."

„Im Gegenteil, Herr Konfrater, er macht Sie erst recht volkstümlich."

Pfarrer Grollinski knurrte.

Den bis oben angefüllten Hut überreichte Kräuterbein seinem Pfarrherrn mit einer tiefen Verneigung. Ob er sie auch vor sich selbst machte?

„Sehen Sie, Herr Konfrater, bisher hatten wir nur Auslagen beim Gemeindeabend. Ihr Kaplan aber versteht es, die Gemeinde durch seinen Humor opferfroh zu machen."

„Auf meine Kosten!" empörte sich Pfarrer Grollinski.

„Der Vater muss zu allem herhalten, das ist in der Familie so wie in der Gemeinde."

Die Wahrheit über Fräulein Gruber

Der eisigste Winter seit Menschengedenken hielt an und hielt die „Großmückendorfer Sensation" nicht auf. Der Kulturverein hatte nämlich für den 13. Januar etwas noch nie Dagewesenes an die sieben Plakatsäulen geklebt: „Eine ehemalige Nonne berichtet aus ihrem Klosterleben".
„Haben Sie es schon gelesen, Herr Kaplan?"
„Das wird ein Quark sein", knurrte er.
Bald erfuhr er, dass besagte Nonne schon in der Nachbargemeinde gesprochen hatte und dass Pfarrer Wunibald ihr entgegengetreten war. Kräuterbein hängte sich in Abwesenheit seines Pfarrers ans Telefon. Er ließ sich lange und eingehend berichten. Die bei der Veranstaltung verteilte Broschüre über die ehemalige Nonne hatte er bald in den Händen.
Kräuterbein setzte sich an seinen Schreibtisch und schrieb. Dann fuhr er mit dem Manuskript zu seinem vierzehnten Nothelfer und legte ihm den Plan vor. Er fand Zustimmung und bekam sogar Geld. Damit fuhr er zu einer Druckerei. Am 11. Januar tagte im Unterrichtszimmer eine Männerversammlung. Große, kräftige junge Männer von Großmückendorf und Umgebung waren erschienen, fünfundzwanzig an der Zahl.

Kräuterbein entwickelte seinen Plan und wusste die Jungmänner dafür zu begeistern. Anfänglich hatte er manche Sorgen und Bedenken zu zerstreuen, wohl auch einigen Ängstlichen Mut zu machen. Schließlich waren alle einverstanden: „Wir gehen hin, und der Kaplan spricht dagegen!" Aber damals war noch die Zeit, wo die freie Diskussion nicht ganz so frei war, wie das in einer Demokratie üblich ist. Es konnte mit einer Klopperei enden, darum musste man sich vorsehen.

Nun hatte Pfarrer Grollinski ausgerechnet am 13. Januar die monatlich wechselnde Pfarrersitzung in seinem Hause. Das war auch der Skatnachmittag der sieben Pfarrer des Erzpriestersprengels. Skatbrüder wollen nicht gestört werden. Einsame Pfarrer haben ein Recht darauf, einmal im Monat drei Stunden lang auf den Tisch zu kloppen und all ihren Unmut dort auszutoben. Sie haben ja kein Landheim, wo sie es tun können. Kräuterbein nun, dieser geistliche Unglücksrabe, trat zu den Skat spielenden Pfarrern und erzählte ihnen harmlos, dass er heute abend die Versammlung mit der Nonne a. D. besuchen und dort sprechen wollte. Schweigen war die Antwort der Skatenden.

Langsam merkte Kräuterbein, dass er eine Dummheit begangen hatte. Pfarrer Isidor mahnte bedächtig:

„Zu so etwas geht man nicht!"

Pfarrer Grollinski lief rot an, aber er schwieg. Dachte er ‚Wenn mein Kaplan sich etwas in den Kopf gesetzt hat, da tut er es auch.' Oder meinte er: ‚Er soll sich nur mal die Finger verbrennen!'? Er hatte inzwischen gewonnen und zählte seine Karten auf den Tisch. Er war ein guter Skatspieler.

Kräuterbein verschwand und verließ schleunigst das Haus, ehe der Pfarrer ihm einen Strich durch die Rechnung machen konnte.

Im Gasthof „Zum Elefanten", der in Großmückendorf den größten Saal hatte, war an diesem Abend was los. Trotz der eisigen Kälte strömten die Leute herbei. Der Saal war gerammelt voll. Nur mit Mühe gelang es Kräuterbein, mit seinen Männern zwei benachbarte Tische zu besetzen.

Auf der Bühne saß der Vorstand des Kulturvereins mit seinen würdigen Herren, die dafür sorgten, dass Großmückendorf aufgeklärt werden sollte über das „heute" noch herrschende „finstere Mittelalter".

Kräuterbein entdeckte bald die als Krankenschwester gekleidete ehemalige Nonne. Dem Vorstand aber entging es nicht, dass ein katholischer Geistlicher im Saal war. Kräuterbein begegnete den vielen Stielaugen mit dem apathischsten und dämlichsten Gesicht, das er für solche Fälle zur Verfügung hatte.

Die Glocke des Vorsitzenden ertönte.

Nach der Begrüßung erklärte er:

„Wir haben schon viel aus dem finsteren Mittelalter von Hexenverbrennung, Inquisition und dem faulen Klosterleben gehört. Nun ist es uns gelungen, eine ehemalige Nonne für diese Veranstaltung zu gewinnen. Sie wird uns objektiv berichten, wie es im Kloster zugeht und was sie erlebt hat. Anschließend ist Diskussion. Diskussionsredner mögen sich schriftlich melden.

Fräulein Liddy Gruber hat das Wort!"

Sie betrat das Rednerpult und begann leise zu sprechen.

„Bitte etwas lauter!" brüllte Kräuterbein.

Fräulein Gruber versuchte es. Sie erzählte von einem Kloster, das irgendwo im Österreichischen liegen sollte, das aber niemand von Großmückendorf, geschweige denn in den Nestern ringsum, aus denen man die „Kulturfreunde" mit Autobussen herbeigebracht hatte, kannte.

Kräuterbein war enttäuscht. Die anfängliche Spannung ging bald in gähnendes Zuhören über. Er machte sich Notizen, was von den benachbarten Tischen mit missbilligenden Blicken bemerkt wurde. Fräulein Gruber erzählte von ihren sieben Jahren im Kloster. Selbstverständlich hatten die Eltern sie gezwungen, dort einzutreten. Der normale Lebensablauf im Kloster wurde geschildert, auch die kleinen Bußpraktiken fehlten nicht, wie Bodenküssen, kniend die Suppe löffeln und ähnliche in einer Klostergemeinschaft möglichen, aber in Großmückendorf schaurig klingenden Dinge mehr. Aber die erwarteten Schilderungen über Geißelungen und Klosterkerker blieben aus. Nicht einmal strenge Klausur hatte das besagte Kloster, so dass das propagandistische Wort „Hinter Klostermauern lebendig begraben" gar nicht zur Schilderung passte. Warum Fräulein Gruber den Klostermauern und dem finsteren Mittelalter entflohen war, darauf gab sie nur die knappe Antwort:

„Weil ich es nicht mehr ausgehalten habe."

Nach einer Stunde waren ihre Darlegungen beendet. Der Saal klatschte Beifall, nachdem der Vorstand kräftig dazu das Zeichen gegeben hatte. Nur die beiden Kräuterbein-Tische klatschten nicht.

„In der Pause können schriftlich Diskussionswünsche abgegeben werden."

Kellner liefen umher und bedienten.

Kräuterbein erhob sich und ging ruhig durch den Saal. Seine hohe Gestalt im schwarzen Gehrock war nicht zu übersehen. Er hatte lange überlegt, ob er in Räuberzivil oder in Schwarz gehen sollte.

„Wir spielen mit offenen Karten", hatte er seinen Jungmännern gesagt.

Dem Vorstand war es peinlich, dass Kräuterbein sich meldete.

„Die Redezeit beträgt aber nur zehn Minuten, Herr Kräuterbein."

„Ich brauche nicht so lange."

Der Vorsitzende klingelte wieder.

Es traten drei Diskussionsredner auf, die sich – jeder länger als zehn Minuten – dafür bedankten, dass sie nun endlich einmal aus berufenem Munde über das heutige Klosterleben aufgeklärt wurden.

„Als vierter Diskussionsredner hat Herr Kräuterbein das Wort."

Der Name „Kräuterbein" löste einige Lachsalven aus. Kräuterbein schob sich, höflich um Platz bittend, durch die engen Stuhlreihen und betrat das Rednerpult.

Meint ihr, ihm wäre nicht etwas schummerig zumute gewesen? Seine Knie zitterten. Er stand ziemlich unglücklich auf der Bühne. Er merkte es an den grinsenden Gesichtern der ersten Reihen. Auch er begann leise und ahmte Fräulein Grubers Stimme nach. Da erscholl aus dem Saal der Ruf: „Lauter reden!"

Darauf hatte Kräuterbein gewartet. Er sprach jetzt nicht, er rief nicht, sondern er brüllte:

„Was ich soeben von Fräulein Gruber" – er sagte bewusst nicht „Liddy" – „gehört habe, hat mich sehr enttäuscht."

Pause.

„Ich hatte geglaubt, eine saftige Schilderung vom Klosterleben zu hören, wie man sie in obskuren Traktätchen über das finstere Mittelalter lesen kann. Was Fräulein Gruber uns erzählt hat, ist doch harmlos gegenüber dem, was mancher von uns beim Kommiss oder in Gefangenschaft erlebt hat.

Fräulein Gruber hatte sieben Jahre Zeit sich zu überlegen, ob sie im Kloster bleiben wollte oder nicht; denn die Gelübde werden anfänglich nur für ein Jahr abgelegt, dann für drei Jahre und erst nach sieben Jahren auf Lebenszeit. Wenn sich die

Eheleute auch so lange bedenken könnten, dann gäbe es nicht so viele Bruchehen oder geschiedene Ehen.

Weiter hat mich enttäuscht, dass Sie, verehrter Vorstand des Kulturvereins, uns eine ehemalige Nonne dahinten aus dem Österreichischen gebracht haben, deren Aussagen hier keiner kontrollieren kann. Hätten Sie uns eine Nonne aus den hiesigen Klöstern gebracht, das wäre plausibler gewesen. Aber damit können Sie nicht aufwarten. Ich darf Ihnen sogar verraten, dass in kürzester Zeit jemand aus Großmückendorf in ein Kloster eintreten wird. Ich habe sie eigens gebeten, heute abend hier anwesend zu sein. Sie hat mir soeben versichert: ,Fräulein Gruber kann mich schon gar nicht von meinem Plan abbringen.'"

Gemurmel im Saal.

„Ich habe mich genau erkundigt und muss Ihnen zu Ihrer Enttäuschung sagen, dass Fräulein Gruber gar nicht freiwillig den sogenannten finsteren Klostermauern entflohen ist, sondern von ihren Oberen *vor* den ewigen Gelübden entlassen wurde."

Kräuterbein machte eine Verbeugung und verschwand hinter den Kulissen. Aller Augen waren auf ihn gerichtet, als er seinem Tisch zustrebte. Seine Jungmänner und einige verstreut sitzende Katholiken hatten zu seinen Worten geklatscht.

„Meldet sich noch jemand zum Wort?"

Niemand hatte Lust dazu.

Nach einigen Ankündigungen schloss der Vorsitzende die Versammlung. Heftig diskutierend verließen die Leute den Saal.

Draußen vor dem Eingang standen in der bitteren Kälte die Jungmänner, je vier mit dem Rücken gegeneinander, und verteilten die Flugblätter, die Kräuterbein in tausend Exemplaren hatte drucken lassen. Sie wurden ihnen aus den Händen gerissen. Unter den Laternen standen die Großmückendorfer und lasen:

„Die Wahrheit über Fräulein Gruber".

An Beinen und Händen froren die Jungmänner, aber Kopf und Herz brannten vor Freude, weil sie das letzte Wort gehabt hatten. Kräuterbeins Name war in Großmückendorf in aller Munde. Polizeiwachtmeister Schmudtke nahm ihn einige Tage später beiseite:

„Herr Gablahn, gans verdraulich: Ihr Uffdrähdn neilich im ‚Elefandn' hat mächdche Blasn gezoochn. Die vom Guldurvereine holn sich geene mehr aus'm Glosdr. Die hamm von Ihn' de Nase voll."

Kräuterbein von sich selbst auch. Ihm war hundsmiserabel zumute. Nun es gelungen war, wovor die alten Pfarrer gewarnt hatten, hatte er Bedenken. Wäre es schiefgegangen, dann wäre nicht nur er, sondern die ganze Großmückendorfer Gemeinde blamiert gewesen.

Er war gegen eine einstmals ehrwürdige Schwester aufgetreten. Sie tat ihm leid, ja noch mehr, er fühlte sich nun für sie verantwortlich. Was konnte er tun? Von Frauenseelsorge verstand er noch nicht viel. Er meinte es wenigstens, zumal alle Mädchen klagten:

„Der Herr Kaplan hält's nur mit den Jungens!"
Erst recht die Mädchen älteren Datums, von denen es hieß:

„Mein Typ ist gefragt, aber der Jahrgang nicht!"
Es wäre auch zuviel verlangt, wenn ein Kaplan Kräuterbein diese schon verstehen könnte. Zu ihnen zählte auch Fräulein Liddy Gruber. Aber Kräuterbein konnte das tun, wozu er berufen war. Er sagte es dem Heiland im Tabernakel und bat auf seine Art:

„Stell bei ihr die Möbel mal wieder ein bisschen richtig, die sind durcheinandergerutscht...
Und was ich Dussel in der Versammlung verkehrt gemacht habe, das kannst nur du wieder zurechtbiegen...
Mich hätten die Oberen vielleicht schon früher aus dem Kloster geschmissen...
Mutter Gottes, hilf mal beten für uns arme Sünder, für Liddy Gruber und für mich. Amen."
Als er den Gottesfrieden wiedergefunden hatte, lag er auf seinem quietschenden Sofa und rauchte eine dicke Zigarre mit Bauchbinde.

GLOCKENGELÄUT FÜR KRÄUTERBEIN

„Wenn's am schönsten ist, muss man aufhören!"
Kräuterbein war aufgefallen. Sein Auftreten im
„Elefanten" hatte Blasen gezogen. Er stand nun auf
der Liste des Personalreferenten. Kräuterbein wollte
gar nicht auffallen, er wollte nur er selber sein. Das
war schon seine schwierige Lage im Priesterseminar
gewesen. Er sollte ein Musterkonviktor sein, Er war
aber alles andere: Er war eben Kräuterbein.
Von Zeit zu Zeit, besonders in den Quatembertagen, sorgte der Herr Personalreferent für die nötige
Buße, nicht nur bei Pfarrern und Kaplänen, sondern auch bei den Mitgliedern der männlichen
Pfarrjugend und den Jungfrauenkongregations-Medaillenträgerinnen. Kräuterbein gehörte zu Großmückendorf wie die Mücken des riesigen Sumpfgebietes zum Dorf. Sogar Pfarrer Grollinski hatte
sich an diese Großmücke und ihre Stiche gewöhnt.
Es gibt nun aber nichts Schlimmeres, als einen
würdevollen Pfarrer um seine Gewohnheiten zu
bringen. Pfarrer Grollinski und Kaplan Kräuterbein
erhielten zur gleichen Zeit die amtliche Nachricht:
„Hochwürden Herr Kaplan Kräuterbein wird mit
Wirkung vom 1. Oktober als zweiter Kaplan an
die St.-Laurentius-Kirche zu Luisenburg an der
Wimmer versetzt. Der Nachfolger wird in Kürze
ernannt werden."

„Haben Sie sich darum beworben?" fragte Pfarrer Grollinski bissig.

„Haben Sie sich um meine Versetzung bemüht?" fragte er dagegen. –

„Unsinn, ich lasse der Vorsehung freien Lauf."

„Die geht auch ohne uns den richtigen Weg. Meine Mutter hat mir gesagt, als ich zum Kommiss gehen musste: ‚Melde dich zu nichts freiwillig.'"

„Sie haben sich aber doch freiwillig in die Diaspora gemeldet."

„Haben Sie Ihrer Mutter auch immer gefolgt, Herr Pfarrer?"

Auf derartige Fragen gab Pfarrer Grollinski keine Antworten mehr, soviel hatte er bei seinem ersten Kaplan gelernt.

„Jetzt kann ich wieder mit einem neuen Kaplan anfangen! Mal sehen, was für einen ich jetzt bekomme!"

„Das möchte ich auch gern wissen, aber lassen Sie sich nur überraschen. Hoffentlich nicht einen, der zu allem ‚Jawohl, Herr Pfarrer' sagt oder ‚Wie wünschen der Herr Pfarrer zu befehlen?'"

„Das wäre manchmal besser gewesen, Herr Kaplan."

„Wir sind doch ganz gut miteinander ausgekommen, Herr Pfarrer. Ich jedenfalls hätte mir keinen besseren Pfarrer wünschen können."

Pfarrer Grollinski blitzte seinen Kaplan über die Brillengläser an, als wollte er fragen:

„Wollen Sie mich zum Schluss noch veralbern?"

Es regnete in Strömen. Merkwürdigerweise flossen am meisten die Tränenbächlein bei älteren jungen Mädchen. Fräulein Grollinski weinte nicht, sie bezwang sich vielmehr und beglückwünschte ihn zur Beförderung.

„Wieso Beförderung?" fragte Kräuterbein ehrlich entrüstet.

„Sie kommen jetzt in die Großstadt, das ist doch etwas ganz anderes als in Großmückendorf."

„Ich habe keine Sehnsucht nach der Stadt. Mir hat meine ,erst Liebe' gut gefallen."

Zum Abschied spielte die Jugend im großen Saal des „Elefanten" das von Kräuterbein ausgesuchte Stück „Bruder Lustig". Bruder Lustig spielte seine Rolle so gut, dass viele in ihm ihren Kaplan wiedererkannten. Die Großmückendorfer weinten und lachten zu gleicher Zeit.

Pfarrer Grollinski dankte in einer Abschiedspredigt dem Herrn Kaplan für sein umsichtiges und eifriges Arbeiten:

„Der hochwürdige Kaplan Kräuterbein hat sich in geradezu erstaunlicher Weise auf seiner ersten Stelle in die besondere Lage der hiesigen Diaspora hineingefunden."

Kräuterbein wusste gar nicht, wie ihm geschah, als er so in die Honigbüchse getaucht wurde.

Einen Möbelwagen brauchte Kräuterbein nicht. Einige Kisten, hauptsächlich mit Büchern gefüllt, brachten die Jungmänner zur Baracke, genannt „Bahnhof Großmückendorf".

Sein letzter Gang war in die Kapelle mit den dreizehn Gipsfiguren. Er hockte wie vor nahezu drei Jahren im „Hockergrab" und betete:

„Lieber Heiland, ich danke dir für die schönen Jahre in Großmückendorf. Die Gipsfiguren sind zwar immer noch da, aber in der Gemeinde habe ich viel religiöses Leben gefunden, und das ist wichtiger. Du hast mich nie im Stich gelassen. Immer hat mir jemand geholfen. Und was ich falsch gemacht habe, das lass nur bald wieder kaputtgehen. Die Hauptsache ist, die Großmückendorfer, Kleinnieselwitzer und die Verstreuten auf all den Nestern halten dir die Treue. Und gib dem guten Pfarrer Grollinski nicht wieder so einen Kaplan, wie ich einer war. Er hat viel unter mir gelitten. Ich danke dir für diesen guten Priester."

Um zehn Uhr stand er vor seinem „Fahrzeug". Er stieg ein. Er gab Gas. Er horchte auf: Die Kirchenglocke bimmelte! Es war doch noch nicht Mittag. Er schaute Fräulein Grollinski an:

„Ihnen zum Abschied, Herr Kaplan!"

Sagen wir es ehrlich: Auch Kräuterbein fiel der Abschied von jedem Dorf seiner Gemeinde nicht leicht.

Pfarrer Grollinski war in der nächsten Zeit so einsilbig, dass seine Schwester ihn fragte:

„Dir fehlt wohl dein Kaplan Kräuterbein?"

„Dir vielleicht nicht?"

Der Lizentiat

Es kam eine neue Zeit. Kräuterbein hatte einmal geglaubt: neue Zeit – bessere Zeit. Es wurde aber eine Zeit, in der mehr der Rückwärtsgang als der dritte Gang eingeschaltet wurde. Es wurde sogar der „dritte" Rückwärtsgang eingeschaltet, den es beim normalen Auto gar nicht gibt.

Die berühmten tausend Jahre, in zwölf Jahren zusammengezogen, beschleunigten im Rückwärtsgang die „Bewegung" so sehr, dass daraus nicht nur eine Rückwärtsbewegung, sondern sogar ein Sturz in den Abgrund wurde.

Es fing an, als der achtundzwanzigste Kaplan des Erzpriesters in der Kaplanei einzog: Fränzchen Pape. Er war ein langer, hagerer Dreißiger, der aussah, als hätte er in der Kinderzeit keine Milch zu trinken bekommen. Dabei stammte er aus den von Milch und Honig triefenden Gebieten Allensteins. Er zog in Kräuterbeins Zimmer. Zuletzt war er in einem katholischen Nest am Rande der Diaspora tätig gewesen, wo man noch lebte wie zu Olims Zeiten. Dort hatte er achtzig Mädchen in seiner Jungfrauenkongregation gehabt. Nun war er entsetzt, dass in Luisenburg am ersten Abend nur zwölf Mädchen zur Gruppenstunde kamen. Kräuterbein suchte ihn zu trösten:

„Emil hat auch nicht mehr gehabt, einmal vielleicht siebzehn."

Da ging Fränzchen hoch, und sein käsiges Gesicht wurde noch käsiger:

„Emil hat nie siebzehn gehabt. Das ist ja furchtbar hier!"

„Fränzchen, rege dich nicht auf; damit änderst du nichts. Sei froh, wenn nächste Woche auch wieder vierzehn kommen. Übrigens habe ich mir diese Gemeinde auch nicht ausgedacht. Man hat mich genauso nach hier verfrachtet wie dich."

Die dritte Kaplanstype, die nun zum Erzpriester als neunundzwanzigster Kaplan kam, hieß: Lizentiat Albert Brombeersträuchel und stammte aus der Gegend um „Rengschburg".

Kräuterbein kramte in seinem Gehirn nach, was ein Lizentiat ist, bis er dahinterkam:

„Du bist also ein steckengebliebener und verhinderter Dr. jur.?"

„Ich hoffe, hier meine Doktorarbeit fertigzuschreiben", sagte Albert ein wenig indigniert über Kräuterbeins robuste Begrüßung.

„Worüber machst du sie denn? So über ‚ens ut sic' oder über die rechtliche Stellung eines Kaplans an Sankt Laurentius?"

„Ich arbeite über den Instanzenweg im Codex iuris canonici, Canon 1571-1607."

„Da hast du dir eine interessante Arbeit ausgesucht. Da kannst du beim Erzpriester gute praktische Studien machen."

„Ist er ein besonderes Licht im Kirchenrecht?"

„Ach ja, von Instanzen versteht er was. – Wie lange brauchst du denn noch bis zum Abschluss deiner Doktorarbeit?"

„So drei Jahre werde ich wohl brauchen, weil ich sie französisch schreibe."

Kräuterbein wurde es etwas komisch zumute. Er fragte ganz dämlich:

Sag mal, Brombeersträuchel, wer soll denn hier die Arbeit tun, die ganz gewöhnliche, die simple, die Alltagsarbeit?"

„Ich werde natürlich alle übertragenen Arbeiten ausführen und dann am Abend an meiner Doktorarbeit und an freien Tagen in den Bibliotheken arbeiten."

„Denkste! ... Haste gedacht!"

„Ja, denkst du nicht?"

„Ach ja, manchmal, wenn ich vor lauter Arbeit noch dazu komme."

„Ist denn hier so viel zu tun?"

„Ach, es langt zu, manchmal langt auch die Zeit nicht dazu."

„Aber die Doktorarbeit ist für die Wissenschaft wichtig."

Kräuterbein hob die Augenbrauen:

Natürlich, lieber Albert, der Instanzenweg ist sogar äußerst wichtig. Wenn man mal einen übersieht, dann ist der Teufel los. Ich fürchte nur, es beißt manche Instanz der anderen in den Schwanz."

„Du willst mich wohl veralbern?"

„Ich? … Sehe ich so aus? … Ich habe einen Mords-
respekt vor allen Doktoranden."

Albert glaubte es ihm nicht ganz.

„Du meinst wohl, aus meiner Arbeit wird vielleicht nichts?"

„Wenn dir der liebe Gott ein langes Leben gibt, ja,
Albert."

„Warum hat man mich denn nach hier versetzt?"

„Mein lieber Albert, an solche Fragen soll man
nicht rühren, die gehen in das Geheimnis der göttlichen Vorsehung."

„Ich habe so gebeten, man möge mich für meine
Doktorarbeit beurlauben."

„Das wäre gescheiter gewesen, als dich gerade hier-
her zu versetzen, wo ich gebeten habe, mir einen
Mitkaplan zu schicken, der mit mir an der schwe-
ren Karre zieht."

„Und da schickt man gerade mich?" fragte Albert
betrübt.

„Die Wege der Vorsehung sind unbegreiflich.
Vielleicht will die Vorsehung…" Kräuterbein
sprach nicht weiter.

„Was wolltest du sagen, Kräuterbein?"

Kräuterbein schaute ihn scharf an, dann ließ er –
wie schon bei Emil – seine Rechte wuchtig auf
Brombeersträuchels Schulter fallen, dass dieser
zusammenzuckte:

„Mensch, Albert, deine Wissenschaft in Ehren, aber
merkst du denn nicht, dass man dich von deiner
Doktorarbeit vorerst abbringen will? Du sollst mal

die Nase in die Praxis der Stadtseelsorge stecken, dann wird dir der blödsinnige Instanzenweg schon vergehen. Wir haben Instanzen und andere Wanzen genug. Wir brauchen Priestermänner, die sich im Alltag die Hände dreckig machen. Die diversen Instanzen in Gottes freier Welt sorgen schon dafür, dass dir dann am Abend die Knochen weh tun."

„Kräuterbein, du zerstörst alle meine Illusionen."

„Rede nicht soviel von meinen guten Werken, Albert."

„Von deinen guten Werken?" fragte Albert ganz beklommen.

„Ja, natürlich! Es ist doch ein gutes Werk, wenn ich deine Illusionen kaputthaue, wie ich alle Gipsfiguren zerschlagen möchte."

„Kräuterbein, du bist brutal!"

„Mensch, Albert, du kennst doch die fünf B der Beichte:

‚Besinne dich! Bereue! Bekenne! Büße! Bessere dich!'"

„Was soll das für mich bedeuten?"

„Du sollst alle fünf B anwenden, aber gründlich."

„Kräuterbein, ich bin geschlagen."

„Dann bist du auf dem richtigen Weg. Ein zerschlagener Geist ist vor Gott wohlgefälliger als ein Doktortitel von wegen dem Instanzenweg. "

„Du meinst also ernstlich, ich soll hier nicht an der Doktorarbeit weiterarbeiten?"

„Dass du gerade mir in die Finger gefallen bist, ist sicherlich ein Werk der göttlichen Vorsehung, Albert. – Aber Spaß beiseite! Bringe das Opfer und werde vorerst einmal der dritte Kaplan von Sankt Laurentius. Ich bin auch bekehrt worden. Jeder kommt mal dran, das Fränzchen auch noch. Das ist hier so 'ne Stelle, die ‚die da oben' denen geben, die mal geistige Luftveränderung brauchen." Albert seufzte.

„‚Hier lass einen Seufzer fahren und, wenn du kannst, noch einen', so steht es in alten, ganz frommen Betrachtungsbüchern."
Albert wagte nicht, ein zweites Mal zu seufzen.

„Mensch, Albert, du bajuwarischer Rengschburger, wenn ich dich sehe, du bist doch ein Kerl! Los, pack zu und hilf mir, hier die Leute zu verarzten! Ich spüre es in den Knochen: Wir bekommen eine ganz blödsinnige Zeit, die ist nicht von Pappe. Die braucht uns ganz und gar, mit Haut und Haaren. Lass den Hyperneoskeptizismus und werde ganz gewöhnlicher ‚Kaplan nullius'! Bleib auf der untersten Instanz, wo die Hetzhunde vom lieben Gott stehen, die Diasporakapläne! Streich den ‚Lizentiaten' vor deinem Namen! Du hast einen so schönen Namen. Wenn ich nicht Kräuterbein hieße, möchte ich wohl Brombeersträuchel heißen."

„Kräuterbein, ich will auf deinen Rat hören, wenn es mir auch schwer fällt. Aber hilf mir bitte!"

„Ich habe bisher noch jedem, dem es Not tat, auf die Strümpfe geholfen. So, jetzt wird gegessen. Mutter Müllern hat dir zu Ehren Wellfleisch mit Knödeln und Sauerkraut gekocht. Du kannst ja den Instanzenweg aussuchen, ob du zuerst die Knödel, das Sauerkraut oder das Wellfleisch essen willst oder alles durcheinander. Es kommt doch in denselben Magen."

„Du bist ein unverbesserlicher Spötter, Kräuterbein."

„Das habe ich vom lieben Gott, Albert."

„Gott spottet nicht, Kräuterbein!"

„Aber wie, Albert! Da kennst du dich in den Psalmen schlecht aus. Da steht es doch drin, wie er über alle, die Quatsch machen und sich noch etwas darauf einbilden, spottet und grimmig lacht. Das ist sozusagen ein heiliger Spott, weil er dabei den Menschen den Kopf wieder zurechtrückt."

Nach dieser wichtigen Seelsorgearbeit schlug Kräuterbein in die Knödel, ins saure Kraut und ins Wellfleisch, dass Albert staunte.

„Wie man isst, so schafft man!"

Auch Fränzchen sah mit gelindem Schrecken, wie Kräuterbein ’reinhaute:

„Du hast wohl vor gar nichts Angst, Kräuterbein!", fragte das käsebleiche Gesicht.

„Angst? Was ist das?"

Kräuterbein spannte seine beiden Mitkapläne richtig vor die Karre. Er verteilte die Arbeit, wie es sein Vorgänger getan hatte. Der Erzpriester genehmigte sie schon während der Dienstbesprechung am nächsten Tage:

„Ich wünsche, dass der Erste Kaplan seinen Mitkaplänen mit Rat und Tat jederzeit zur Seite steht.

Das wird außerdem diesmal ganz besonders in der Anweisung der Behörde betont."

„Der Instanzenweg ist klar", sagte Albert lächelnd, als sie die Treppe zur Kaplanei hinaufstiegen.

Alljährlich veranstaltete die Laurentiusgemeinde ein Kinderfest, dessen Ausgestaltung Kräuterbeins Gehirn entsprang.

Im großen Garten des Restaurants „Zum Trompeter" arbeiteten die Kolpingsbrüder und Jungmänner am Aufbau der Schießbude, eines großen Kasperletheaters, der Rutschbahn, an Verkaufsständen und Lotterien, an Würstelbuden und Karussells, vor allem am Zirkus, der die mächtige Aufschrift trug:

„Zirkus Pappe".

Kräuterbein wollte am liebsten noch „Fränzchen" davorsetzen lassen, aber die Maßgeblichen, die Verantwortlichen, hatten dagegengestimmt, weil es zu demonstrativ war.

Kräuterbein hatte wegen der herrschenden Politik eine unsagbare Wut im Leibe. Er glaubte nicht den hochtrabenden Reden, die nun überall aus den Lautsprechern tönten. Er hätte am liebsten die Kabel durchgeschnitten.

„Das ist ja tausendmal schlimmer als alle Gipsfiguren zusammen!" knirschte er.

Sein Groll musste sich irgendwo entladen. Auf dem Podium der Musikkapelle spielte er mit seinen Jungen Kasperletheater.

Mikrophon und Lautsprecher waren aufgebaut, und tausend Zuschauer und Zuhörer riefen nach dem Kasperle.

Kasperle erschien und sang zu seinem Tritra-trallala:

„Ich hab' keine Angst, ich hab' keine Angst!"

Die Großmutter kam und klagte ihm ihre Angst vor dem bösen Zauberer.

„Wie sieht er denn aus, Großmutter?"

„Gar nicht wie ein Zauberer, eher wie ein hübscher Mann mit so 'ner großen Tolle, und unter der Nase hat er eine dicke Fliege."

„Fliege unter der Nase? Brrr! Aber warum hast du denn Angst vor ihm, Großmutter?"

„Er will mich heiraten, Kasperle."

„Großmutter, ich warne dich! Heirate den alten Zauberer nicht! Du bist in Ehren fünfundsiebzig Jahre alt geworden. Heirate ihn nicht, und wenn er mit dem Bullewauwau droht!"

Aus dem Radio brüllte die Stimme: „Vierzehn Jahre! Vierzehn Jahre!"

„Kasperle, Kasperle, hörst du, wie er brüllt?"

„Stopf dir Watte in die Ohren, Großmutter!"

„Das habe ich schon getan, Kasperle."

„Wenn wir alle fest zusammenhalten, dann kann er nichts machen."

„Kasperle, mir bricht das Herz."

„Das kleben wir wieder zusammen."

Kasperle fragte die Kinder:

„Wollt ihr was vom bösen Zauberer wissen?"

Alle brüllen „Nein!", auch die Erwachsenen schrien mit.

„Siehst du, Großmutter, die Kinder haben auch keine Angst. Angst ist die ansteckendste Krankheit, die es gibt. Vor der müssen wir uns alle in acht nehmen. Habt ihr verstanden, ihr kleinen und großen Leute? Auch wenn das Biest noch so brüllt!"

Wieder brüllte das braune Biest, das nun erschien. Kasperle haute so lange auf es ein, bis es ächzend zusammenbrach.

„Ich hab ihm einfach das Kabel durchgeschnitten!" lachte er.

Die Leute lachten mit und klatschten mächtig Beifall.

Er war verstanden worden.

Kräuterbein war überall; er lachte mit den Kindern, schoss mit ihnen um die Wette, begrüßte die Eltern und drehte das Karussell.

„Nun machen wir alle: ‚Rutsch mir den Buckel herunter'!"

Er packte seine beiden Mitkapläne unter die Arme und zog sie zur Rutschbahn. Sie wollten nicht mit ihm die Treppe hinaufsteigen, aber sie mussten!

„Als erster rutscht ab der hochwürdige Herr Kaplan Franz Pape."

Kräuterbein gab ihm einen Stoß. Fränzchen erhob rutschend seine Arme – wie um Hilfe schreiend – zum Himmel.

Lizentiat Albert Brombeersträuchel wurde ihm nachgeschoben.

„Nun rutschen die Kräuterbeine."

Alle lachten, wie Kräuterbein heftig gestikulierend hinabsauste. Als er unten war, rutschten der Kirchenvorstand und die Elisabeth-Damen.

„Kaplan Kräuterbein bringt uns alle dazu, ob wir wollen oder nicht", lachte Frau Geheimrat Krusenbein.

„Die andern meinen, wir wären scheinheilige Brüder. Denen müssen wir beweisen, dass wir Spaß und Ernst miteinander verbinden können. Wir sind doch nicht von Pappe!" rief Kräuterbein laut und blickte um sich, ob man ihn auch richtig verstanden hätte. Da sah er am Gartenzaun einen Mann, der sich mit verschränkten Armen auf die Latten lehnte.

„Kommen Sie nur herein", rief ihn Kräuterbein an. Der Mann schüttelte den Kopf:

„Ich glaube, Herr Kaplan, die Sache wird ernster. Da wird Ihnen das Kasperletheater auch noch vergehen", rief er und ging davon.

Es begann die Zeit, da Kräuterbein lernen musste, in Bildern und Gleichnissen zu reden: die Zeit nach der Machtübernahme. Jodokus nannte sie „die Zeit der machtvollen Überheblichkeit".

Der Erzpriester lebte noch in der alten Zeit und hängte die schwarzweißrote Fahne aus dem Fenster im ersten Stock. Kräuterbein das sehen, vor Wut kochen und handeln war eins: Vom Fenster der Kaplanei, einen Stock über dem Erzpriester, wehte die schwarzrotgoldene Fahne, aber mit Trauerflor.

Der Erzpriester wagte nicht, seine Kapläne deswegen zur Rede zu stellen.

Kräuterbein sagte zu Fränzchen:

„Mensch, lass dich umtaufen!"

„Wieso?"

„Wie kannst du heutzutage noch Fränzchen Pape heißen?"

„Wie soll ich denn heißen?"

„Nicht du, aber dein Namensvetter, Franz von Papen, heißt von jetzt an: ‚Das Ende der Demokratie'."

„Sei lieber still, Kräuterbein."

„Ich lass' mir mein Maul nicht mit Leukoplast verkleben!"

DER „SCHUPPEN-DOM"

Im Verzeichnis der deutschen Dome ist dieser „Dom" nicht zu finden. Er war auch noch gar nicht da, außer im Plan und Willen von Kaplan Jodokus Kräuterbein, nun endlich etwas für seinen Bau zu unternehmen.

Die „Potenz" einer bescheidenen Diasporakirche auf der Außenstation musste in den „Akt" übergehen. Wie aber damals beim Studium dieses hochwichtigen Kapitels der Philosophie der Stinkkäse auf Kräuterbeins Schuhgröße fünfundfünfzig tropfte, so stank die machtvolle Überheblichkeit der Nazis in alles hinein.

Die katholische Jugend konnte nicht mehr ungestört ins Landheim gehen, ohne dass es zu einer Klopperei mit der Hitlerjugend kam. In den meisten Orten waren neue Bürgermeister eingesetzt. Nur auf der Außenstation saß noch ein Bürgermeister alten Schlages, ein ehemaliger Schlosser. Er hatte zwar sonst nicht viel für die katholische Kirche übrig, aber als Kräuterbein ihn bei einem Glas Bier im Volkshaus kennen lernte und ihm erklärte, der seit fünfundzwanzig Jahren für den Gottesdienst unwürdige Zustand könne nicht weiter bestehen bleiben, da nickte er wohlwollend. Im Vertrauen fragte er Kräuterbein, was er von der neuen Zeit hielte.

Kräuterbein antwortete im Ton der Lautsprecher:
„Wir gehen herrlichen Zeiten entgegen!"
Dabei war sein Blick so verbissen, dass der Bürgermeister fragte:
„Ham Sie ooch so Rheimadismus in rechten Arm, dass Se den so schlecht hochgriechen?"
Sollte Kräuterbein antworten? Sein Mienenspiel sagte schon genug.
„Da fällt mr grade was ein, Herr Bastr."
Wenn einem Bürgermeister gerade etwas einfällt, dann könnte dieser Mann ein Mann der Vorsehung sein.
„Wie wär' dn das eechentlich da driem mit 'n Schubben?"
„Schuppen? Mir fallen keine Schuppen von den Augen."
„Nu, Se gehn doch eegal dran vorbei!"
„Richtig, ja, das wär 'ne Idee von Schiller:
‚Warum in die Ferne schweifen?
Sieh, das Gute liegt so nah.'
Da haben Sie eigentlich recht, Herr Bürgermeister."
„Da häddn Se doch for Ihre hundert Leide Blatz drinne un wärn im eechnen Raume. Denn wie lange das heidzedaache noch mit dem Gottesdienst in der Gneibe gehn werd, das weeß dr Deifl."
„Der wird's ja gerade nicht wissen, aber der Herrgott."
„Da ham Se eechentlich ooch widder recht, Herr Bastr!"
„Sollen wir die Bude kaufen?"

„Das wärn Se wohl so leichde nich genn'!"

„Aber pachten?"

„Ich meene, das missde gehn!"

„Mit 'n Stück Garten dazu?"

„Nu! Nadierlich!"

Sie verließen das „Volkshaus" und beschnüffelten den zwanzig Meter langen Schuppen.

„Na, ein Dom ist es ja gerade nicht, aber es wäre einer draus zu machen."

„Se meen' doch nich 'n Gelner Dom, Herr Bastr?"

„Nicht ganz so groß, Herr Bürgermeister."

Der Schuppen war zwar kein Bau, der Jahrhunderte überdauern sollte, aber für die nächsten zehn bis zwanzig Jahre wäre die Gemeinde im eigenen Haus.

Kräuterbein machte sofort seine Pläne.

„Ein Lokus ist auch dabei!", konstatierte er.

Hinter dem Schuppen floß die Weiße Rödel, dahinter lag die weite Aue, die vor der Reformation zum ehemaligen Augustinerkloster gehörte.

Sie schritten das Gelände ab. Kräuterbein maß sogleich mit seinen langen Beinen, wieviel Meter Zaun nötig waren.

Im Geiste baute er schon eine Wohnlaube als Unterrichtsraum, sah eine Fronleichnamsprozession sich entfalten und meinte, eine Bimmel in einem Holzkampanile zu hören.

Ganz so billig wie in Großhahnendorf würde er den Schuppen ja nicht pachten können, aber er musste den Erzpriester für den Plan gewinnen.

„Ich wär mal ä bisschen ’rumschniffeln, was dr Ge-
meenderad dazu zu sachn hat, Herr Bastr.“

„Und dann rufen Sie mich bitte an, Herr Bürgermeister!“

„Gud, Herr Bastr. ich dät’ mich frein, wenn’s glab-
ben däte.“

Der Anruf kam früher, als Kräuterbein erwartet
hatte:

„Zehn Mark Miete und Pacht im Monat.“

Kräuterbein ging zum Erzpriester.

„Herr Erzpriester, wie ist es eigentlich mit den
zwölftausend Mark für den Kirchbau in meiner
Außenstation?“

Der Erzpriester wackelte verlegen wie am Tage der
ersten Dienstbesprechung: „Die liegen fest!“

„Im Altersheim, Herr Erzpriester?“ fragte Kräuterbein mit äußerstem Nachdruck.

„Ja!“

„Zweckentfremdung der Gelder!“

„Mit Genehmigung, Herr Kaplan!“

„Wieviel Zinsen zahlen Sie denn?“

Der Erzpriester hing in Kräuterbeins Spinnen-
netz, er fuchtelte noch eine Weile, dann stammelte er:

„Zinsen?... Zinsen?... Ja, freilich, aber mehr als die
üblichen drei Prozent können wir nicht zahlen.“

„Ist zwar ein bisschen wenig, aber in Anbetracht
der schwierigen Lage des Altersheimes mag es für
die ersten drei Jahre genügen. Ich will nämlich ein
Provisorium bauen.“

„Was meinen Sie denn mit dem Provisorium, Herr Kaplan?"

Kräuterbein entwickelte ihm seinen Plan. Er hatte sich schon ein Foto vom Schuppen besorgt, eine Grundriss-Skizze angefertigt und erzählte nun mit Begeisterung:

„So liegt der Schuppen, die rechte Seite müsste mit Fenstern versehen, hier eine kleine Sakristei angebaut werden. Ein Lokus ist schon da."

Es war dem Erzpriester lieb, dass die Außenstation endlich einen eigenen Kirchenraum bekam, aber er musste die Begeisterung seines Kaplans doch etwas dämpfen, dafür war schließlich er der Pfarrherr und nicht Kaplan Kräuterbein.

„Warum legen Sie soviel Wert auf den Lokus, Herr Kaplan?"

„Weil er nun einmal lebensnotwendig ist, Herr Erzpriester. Die Leute haben weite Wege. Gehört eigentlich zu jeder Kirche, Herr Erzpriester."

Sankt Laurentius zu Luisenburg besaß keinen Lokus. Der Erzpriester machte keine Einwände.

„Kostenpunkt?"

„Bezahlen wir von den Zinsen."

Kräuterbein hatte die Zinsen schon errechnet und aufgeteilt. Den Rest würde er in der Außenstation zusammenbetteln und bei Diasporapredigten in der Heimat.

„Der Pachtvertrag wird vom Pfarramt unterzeichnet."

„Aber selbstverständlich, Herr Erzpriester!"

Zeichen und Wunder waren nicht mehr vonnöten.

War der Erzpriester vom Bau des Altersheimes be-
sessen, das nun glücklich Richtfest begehen konnte,
so war Kräuterbein von dem kleinen, ja armseli-
gen Umbau des Schuppens nicht weniger beses-
sen. Wer weiß denn, was es für einen Diaspora-
priester bedeutet, wenn er dem Herrn endlich
einen „Stall zu Betlehem" errichten kann?
Kräuterbein verhandelte mit den Handwerkern. Er
fuhr mehrmals in der Woche die fünfzehn Kilometer hinaus. Dort halfen die Männer und Ministranten. Es war eine große Baufreudigkeit in einem Teil
der kleinen Gemeinde. Nur zwei rivalisierende
Frauen sorgten für den unabwendbaren Streit.
Die Frau Oehmichen und die Frau Planski lagen
sich von jeher in den Haaren – natürlich nur bild-
lich: mit der Zunge und mit den gestikulierenden
Händen –, weil jede tonangebend in der Gemeinde
sein wollte.
„Baule!" sagte Frau Oehmichen zu ihrem Mann.
„Der Herr Gablahn hält's eegal mit dr Planskin.
Warum baun mr eechentlich nich uff unsern Gär-
chengrundschdigge, wo mr doch die zwölfdausend
Marg ham?"
Die Frau Planski sagte zu ihrem Günther:
„Ginder, nu gugge dr bloß de Eemichen an, eegal
scharwenzelt se um 'n Gablahn 'rum, un dann hat
se ooch noch was ze meggern wechn dn Schub-
ben. So ä falscher Fuffzcher!"
Wie kamen diese Bemerkungen dem Herrn Kap-
lan zu Ohren?

Denn am nächsten Sonntag sprach er in der Predigt über das neue Gotteshaus:
„Aber wichtiger ist, dass in der Gemeinde Eintracht und Frieden herrschen. Schon in der Urkirche gab es rivalisierende Frauen. Die sind so eine Gratisbeigabe für eine Gemeinde wie manche Schwiegermütter in einer jungen Ehe. Hört, was schon der heilige Paulus seiner Diasporagemeinde zurief:
‚Ich ermahne die Evodia und die Syntyche, eines Sinnes zu sein!‘
In Deutschland würden die beiden Frau Müller und Frau Schulze heißen. Ich will nicht sagen, wie sie hier heißen könnten. Was hier für das Haus Gottes und die Gemeinde getan wird und wie es geschieht, das bestimme ich als der dafür von der Kirche bestellte Priester."
Frau Oehmichen und Frau Planski hatten an diesem Tag einen roten Kopf, aber das kam wohl daher, weil beide in der Nähe des bullernden Ofens saßen.
„Wissn Se, Herr Gablahn, das hat uns immer an Ihn' so gefalln, dass Se nich uff de Eehmichen un nich uff de Planskin gehärd ham, sondern Ihrn eechn Diggopp dorchgesetzt ham", sagte der Hilfsküster zu ihm.
„Schmeicheleien bin ich nicht zugänglich!" brummte Kräuterbein.
Er wusste, wie schwer eine junge, aus allen Teilen des Vaterlandes zusammengewürfelte Gemeinde zu formen war. Aber eines hatte er herausgefun-

den in den jetzt sechs Kaplansjahren. Vom Priester ließen die Leute sich mehr sagen als von einem geltungssüchtigen Laien.

„Es tut Not, dass hier bald eine Pfarrvikarie entsteht. Die Gemeinde braucht nun endlich einen eigenen Priester. Lasst mal erst den ‚Dom‘ fertig sein!"

„Warum nennen Sie den Schuppen eigentlich ‚Dom‘?"

„‚Dom‘ ist ein lateinisches Wort und heißt übersetzt einfach ‚Haus‘. In meiner Heimat steht so eine ganz kleine Kirche aus karolingischer Zeit. Sie heißt ‚Dom‘. Die Leute sagen natürlich ‚Dömchen‘. Die Schuppenkirche wird unser ‚Domus Dei‘, das heißt ‚Haus Gottes‘. Ich meine damit doch nicht eine Kathedrale, wo ein Bischof seinen Sitz hat.

Freut ihr euch denn nicht, dass wir jetzt ein eigenes Gotteshaus bekommen? Im ‚Volkshaus‘ haben wir doch manchmal wie im Fegefeuer gesessen und Buße getan."

Einen Architekten brauchte Kräuterbein nicht, er hätte ihn auch nicht bezahlen können. Es machte ihm Freude, den schwarzen Anzug mit dem Maurerkittel zu tauschen und den Polier zu machen. Modern waren in dieser Notkirche nur die einfachen Kniebänke.

„Darin kann man wenigstens anatomisch richtig knien", lobte er den Schreinermeister Weißbach, als er die erste ausprobierte.

Kräuterbeins Bettelbriefe machten die Innenausstattung komplett. Was anderswo an Altären, Nebenaltärchen, Kommunionbank und Figuren aller Art nicht mehr gebraucht wurde, half hier über die Gründungszeit hinweg, nur die Fracht musste bezahlt werden. Es waren wahrhaftig keine Kunstwerke, aber Kräuterbeins Phantasie kam seinen großen und geschickten Händen zu Hilfe, dass etwas Ordentliches zustande kam. Das schönste Stück war ein zwei Meter hohes Kreuz, das Kolpingsbrüder in der Heimat nach einem Ausstellungstück geschnitzt und ihm geschenkt hatten. Es schmückte nun die Giebelwand zur Altarnische.

Die einfachen Glasfenster ließ Kräuterbein von Kunstmaler Schnorkel mit Symbolen der sieben Sakramente verzieren.

Die Tür, das „Domportal", wurde mit einem Vorbau versehen. So bekam der Schuppen langsam ein halbwegs kirchenähnliches Gesicht.

Aus einigen alten Telegrafenmasten entstand der freistehende Glockenturm. Darin hing schon bald eine größere und besser klingende Bimmel als die von Großmückendorf.

Nun begriff Kräuterbein mehr und mehr, dass sein erster Pfarrer auf die Notkirche in Großmückendorf stolz war. Wenn jetzt ein neugebackener Kaplan so despektierlich von „seinen Dom" gesprochen hätte wie er damals beim ersten Mittagessen zu Pfarrer Grollinski, dem hätte er aber den Marsch geblasen! Er schrieb Pfarrer Grollinski einen freundlichen Brief:

Wie Sankt Augustinus, so muss auch ich mich in meinen ‚Bekenntnissen' anklagen, dass ich Sie damals schrecklich geärgert habe, als ich mich so anmaßend über Ihre mit viel Mühe und Liebe erbaute Kirche ausgelassen habe. Ich baue jetzt eine noch ärmere Bude zu einem ‚Dom' um. Jetzt weiß ich erst, was es Sie damals für Mühe gekostet hat, in so bitterarmer Zeit dem Herrn eine feste Bleibe zu schaffen.

Von den Gipsfiguren schwieg er. In seinem „Dom" gab es keine Gipsfiguren, das war ein Fortschritt in der Kunstgeschichte des Diasporakirchenbaues. „Darüber müsste ich eigentlich eine Doktorarbeit schreiben", dachte er und malte sich aus, wie schön es wäre, wenn er schreiben könnte: Dr. Jodokus Kräuterbein. Dann besann er sich und sagte zu sich selbst: „Du alter gefallsüchtiger Esel!"
Statt die Doktorarbeit zu schreiben, nagelte er Latten an den Zaun und klopfte sich dabei ganz schön auf die Finger. Was beim „Dombau" floss, war kein Märtyrerblut, aber es war echtes hochwürdiges Kaplansblut. Der Kaplansdaumen wurde mit der Zeit blau, grün, gelb und schwarz, bis der Nagel schließlich im Marienstift von Dr. Schmerbauch fachgerecht abgerissen wurde.
Der „Dom" wurde nicht konsekriert. Der Erzpriester verzichtete auch auf die Einsegnung der neuen „St.-Jakobus-Kapelle".
Kräuterbein durfte sie selbst vornehmen.

Der Kirchenchor und die Jugend von Luisenburg erschienen zum Festtag. Der Bürgermeister war eingeladen, ließ sich aber mit einer „Sitzung" entschuldigen.

Priester und Ministranten zogen feierlich um den ganzen Platz. Es war das erste öffentliche Auftreten der St.-Jakobus-Gemeinde. Wie schön die Bimmel bimmelte!

Wie zaghaft die sieben Ministranten in ihrer Chorkleidung dahingingen!

Wie verlegen der Kreuzträger sich umdrehte und hilfesuchend nach dem Kaplan blickte!

Wie das alte Harmonium in dem feuchten Raum quietschte!

In der Aufregung, die in allen steckte, hatte der Küster vergessen, am Altar die Kerzen anzuzünden, und die kleinen Ministranten klingelten mit ihren Messglöckchen zur falschen Zeit.

Das Weihrauchfass war immer anderswo, als wo der Kaplan es brauchte. Die Kette blieb am Rauchfass hängen, und die herausgefallene Kohle brannte in den neuen Teppich ein Loch!

Wie Frau Planski in höchsten Flötentönen tremolierte!

Hochgestimmt feierte Kräuterbein die Messe der Kirchweihe, deren Eingangsvers mit den doppeldeutigen Worten beginnt:

„Terribilis est locus iste!" – „Schrecklich ist diese Stätte und zugleich mit heiligem Schauer erfüllt, denn hier wohnt wahrhaft Gott der Herr!"

Begeistert klang am Ende das Lied „Großer Gott, wir loben dich!" durch den „Schuppen-Dom", weil die kleine Gemeinde nun ihr eigenes Gotteshaus hatte und dort die Ewige Lampe brannte.

DIE BRUMMFLIEGE

Kräuterbein hatte sich ein Leichtmotorrad gekauft, ein Fahrrad mit „Maria-hilf-Motor". Seine Beine musste er zwar weit über den rechten Winkel biegen, aber das Schnauferl trug ihn schneller als die Langweil-Bahn durch alle Straßen seines großen Bezirkes.

„Wieviel Liter Sprit verbraucht diese ‚Brummfliege'?" fragten seine neugierigen Jungen. Oder waren sie neidisch?

„Sprit? Die fährt mit Buttermilch!"

Die Straßen waren trotz der groß angekündigten Belebung der Volkswirtschaft noch nicht besser geworden. Kräuterbein jonglierte zwischen den Schlaglöchern einher und dachte, wie schön es wäre, selbständiger Pfarrer zu sein; denn die Gemeinschaft mit Fränzchen Pape und Albert Brombeersträuchel wurde in letzter Zeit eine Qual, weil die beiden Tag für Tag über Rosenbergs „Mythos des zwanzigsten Jahrhunderts" philosophierten. Kräuterbein hatte zwar darin herumgeblättert, aber die Zeit war ihm zu schade dafür. Auch fing er an, an seiner akademischen Bildung zu zweifeln. Er tat dieses Machwerk ebenso ab wie Hitlers Hochzeitsgeschenk an die Brautpaare, „Mein Kampf". Nicht, dass seine Mitkapläne über den „Mythos" begeistert waren, im Gegenteil, sie waren entsetzt über diesen Nazi-Katechismus.

Als er auf seiner „Fliege" dahinbrummte, tröstete er sich selbst: „Bis ich den ‚Mythos' kapiert habe, ist der ganze Quatsch vielleicht schon wieder vorbei!"

Da! – Bruch!

Bruch bedeutet meistens eine Zweiteilung, diesmal aber ware es drei Teile:

Links lag das Vorderrad mit Lenkstange...

Rechts lag das Hinterrad mit Kurbelorium und Buttermilchmotor...

In der Mitte lag der Kaplan...

Kräuterbein schaute rechts, schaute links, registrierte seine diversen Knochen. Nichts tat außergewöhnlich weh, aber in der Brust empfand er heftige Schmerzen.

Um nicht obendrein vom nächsten Auto überfahren zu werden, riss er sich hoch, zog die Maschinenteile an den Straßengraben und setzte sich zunächst einmal hin.

„Warum lachst du nicht?" fragte er dieses Mal nicht.

„Und für so eine Mistkarre habe ich zweihundert Mark bezahlt!" knurrte er.

Er merkte sich die Stelle. Hier wollte er einen Gedenkstein errichten: „Hier stürzte Kräuterbein, ein Opfer der Lochstraße!"

Er ließ seine Trümmer allein und schleppte sich zum nächsten Haus:

„Ist in der Nähe eine Reparaturwerkstatt?"

„Drei Häuser weiter im Hinterhaus", war eine tröstliche Antwort.

Der Meister besah sich zunächst den zerschundenen schwarzen Mann und sagte dann freundlich: „Sie sind nicht der erste, dem das hier passiert ist." Er ging mit Kräuterbein zurück, sie holten gemeinsam das Wrack.

„Wo ist der nächste Bahnhof?"

„In Wespengrün."

„Wann ist meine Karre fertig?"

„Nächste Woche, Herr Kaplan – ich bin nämlich auch katholisch."

„Das freut mich, dass ich jetzt Trost im Glauben finde. – Woher stammen Sie?"

„Aus Grottkau."

„Grottke ist 'ne scheene Stadt!" versuchte Kräuterbein zu singen.

„Lassen Sie sich aber erst mal abbürsten, Herr Kaplan."

Der Staub verließ die Kleidung, die Löcher aber blieben.

Kräuterbein saß bald im Wartesälchen und trank einen „Bittern", nur langsam erholte er sich von diesem Schreck.

„Auf die Kräuterbeine!" befahl er sich selbst, als er am nächsten Morgen aus dem Bett sprang.

Die Kräuterbeine aber wackelten, der Sturz saß ihnen noch in den Knochen.

„Tief Atem holen!"

Auch in der Brust stach es noch.

„Kniebeuge – eins, zwei, drei!"

„Rumpf beugen vorwärts, seitwärts…"

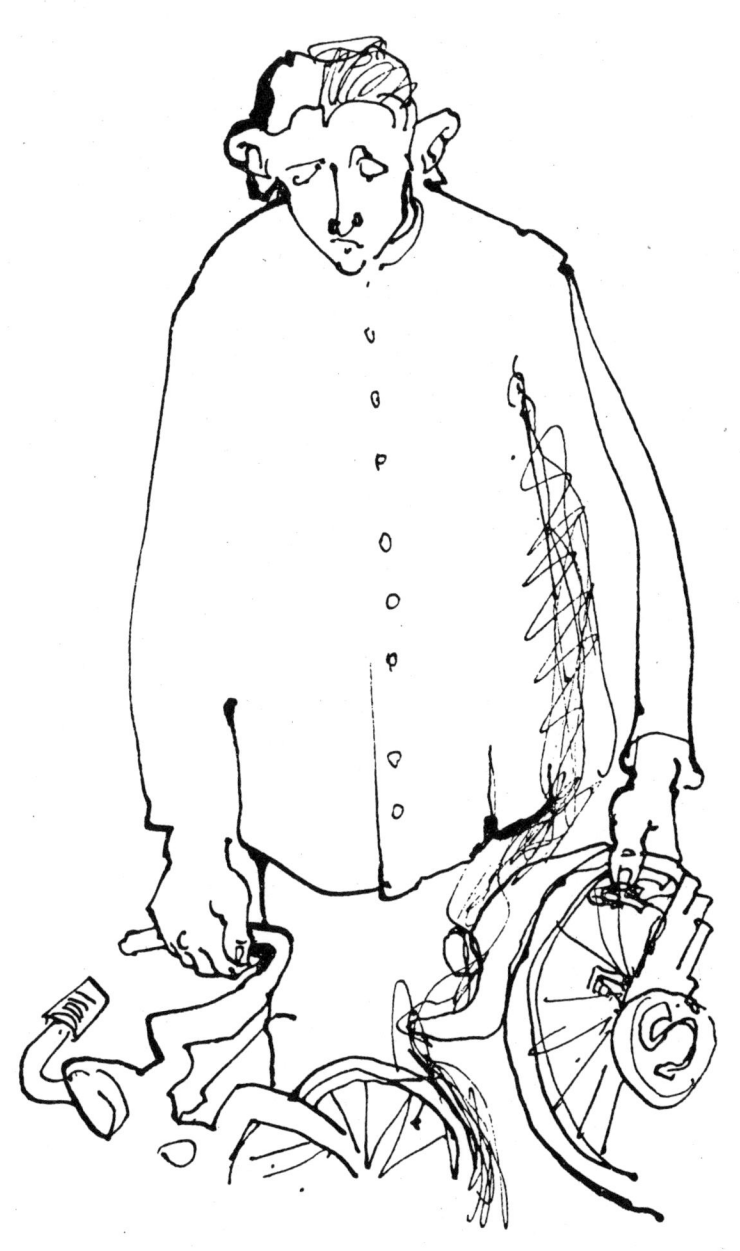

„Armschwingen vorwärts, rückwärts..."

„Alte Knochen, ihr wollt wohl nicht?"

Kräuterbein ächzte und keuchte wie eine rostig gewordene Turmuhr.

„Ich werde euch helfen zu streiken! – Parademarsch!"

Die Kaplansbude wackelte, sicher fiel beim Erzpriester jetzt der Kalk von der Decke.

Dann „kneippte" Kräuterbein, zog sich an und betete die Matutin, er war gestern abend wegen des Sturzes nicht mehr dazu gekommen:

In seinem Herzen spricht der Tor: Es ist kein Gott!
Verderbt sind sie, abscheulich ist ihr Treiben.
Ein offen Grab ist ihre Kehle,
und ihre Zunge redet Trug;
denn Natterngift kocht unter ihren Lippen.
Ihr Mund ist voll von Lästerung und Bitterkeit;
ihr Fuß ist schnell bereit zum Blutvergießen.
Verwüstung, Elend zeichnen ihre Bahn.
Nicht kennen sie den Weg des Friedens.
Sie wissen nichts von Gottesfurcht.
Ob denn die Bösewichte nicht zur Einsicht kommen?"

„Die kommen nicht zur Einsicht, die sind stur wie die Panzer", sagte er mitten im Gebet.

Du hilfst dem Volke, das bedrückt ist.
Die stolzen Augen aber beugst du nieder.
Schon früh steh' ich vor dir und blick' empor:

Du bist kein Gott,
der Wohlgefallen hat an Frevel.
Du hassest alle Übeltäter,
vernichtest die, so Lügen reden.
In ihrem Mund ist keine Wahrheit,
ihr Herz ist voll Verderben.
So richte sie, o Gott!"

„Kein Wunder, dass die Nazis das Alte Testament nicht leiden können, besonders nicht die Psalmen!"
Nachdem Kräuterbein so eine halbe Stunde psalmodierend, marschierend die Grundfesten des erzpriesterlichen Hauses erschüttert hatte, schloss er das Buch mit der Schlussantiphon:

„Rette mich, o Herr, und stell mich neben dich,
dann mag ein jeder streiten wider mich!"

Eigentlich war Kräuterbein ferienreif, aber noch musste er einige Wochen durchhalten. Sein Konvertitenkursus, der seit einem Jahr regelmäßig wöchentlich zusammenkam, ging dem Ende zu. Es war schon eine Freude, dass sich fünfzehn Erwachsene in die katholische Kirche aufnehmen ließen.

Auch sechs Kinder aus einer Familie durfte er taufen. Es war zwar ein bisschen viel Gezappel dabei, weil die Kinder nicht bei ihren Paten blieben und Kräuterbein Mühe hatte, bei jeder Zeremonie festzustellen, ob Fritz, Karl, Monika, Heinrich, Elisabeth oder Anneliese dran war.

Orgelbegleitung war dazu nicht notwendig. Die Kinder sorgten für das schönste Konzert, und der Herrgott hatte sicher seine Freude an dieser Tauffeier.

Dem evangelischen Vater standen Tränen in den Augen, als der Kaplan mit seinen Kindern sang:

Aus dem Himmel ferne, wo die Engel sind,
schaut doch Gott so gerne her auf jedes Kind.
Höret seine Bitte stets bei Tag und Nacht,
nimmt's bei jedem Schritte väterlich in Acht.
Sagt's den Kindern allen, dass ein Vater ist,
dem sie wohl gefallen, der sie nie vergisst."

Bei der häuslichen Tauffeier machte der Kaplan viel Spaß mit den Kindern, ließ sie auf seinen Knien reiten und wackelte mit den Ohren. Er machte aus Kartoffeln Kasperlefiguren und ließ sich von den klebrigen Kindermäulern so innig abknutschen, dass er dachte:

‚Jetzt könnte der Personalreferent den Spieß umdrehen: Kräuterbein unter den Küssenden!‘

Zum goldenen Priesterjubiläum des Erzpriesters hatte Kräuterbein dessen frühere Kapläne, die jetzt irgendwo als Pfarrer oder Pfarrvikare ihres Amtes walteten, eingeladen. Siebzehn meldeten sich an und wurden bei Familien untergebracht.

Kräuterbein bat den Personalreferenten darum, die Festrede zu halten, der auch zusagte.

Er selbst sammelte Bilder aus dem Gemeindeleben der vergangenen Jahre in Sankt Laurentius, dazu auch einige aus den ersten Priesterjahren des Erzpriesters und ließ im Fotogeschäft daraus einen Bildband machen. Den wollte er dann nach der Festrede zeigen, natürlich mit Zwischenbemerkungen.

Der Kantor des Kirchenchores wollte diese Gelegenheit nutzen, um mit seinem Chor auch einmal öffentlich auftreten zu können.

„Was kostet das Orchester?" fragte Kräuterbein in einem Ton, als wäre er jetzt der Erzpriester.

„Dreihundert Mark!" antwortete der Kantor.

„Haben wir nicht!"

„Das ist noch billig, Herr Kaplan, das kostet sonst fünfhundert Mark."

„Dann müssen wir auf die Trompeter verzichten und nehmen statt dessen eine Drehorgel."

Der Kantor nahm das ernst und packte seine Noten zusammen. Da nahm ihn der Buchbindermeister beim Arm:

„Gennste unsern Gablahn Greiderbeen immer noch nich?"

„Wenn die Herren die dreihundert Mark garantieren, bin ich einverstanden, aber ich komme für kein Defizit auf. – Und hinterher ist Tanz."

„Selbstverschdändlich Danz! Wo solln denn sonst unsre gadohlschen Mädchn gadohlsche Männer gennlern'?" sagte Bäckermeister Fröhlich.

„Ein wichtiges Problem; besonders, wenn man sechs Töchter hat." Kräuterbein lächelte ihn an.

„Ich hab' se mr nich aussuchn genn", lachte er zurück. „Wie se gomm, so wärn se genomm!"

„Prosit! Mit sieben Frauen gesegneter Papa Fröhlich! Haben Sie überhaupt zu Hause noch was zu sagen?"

„Nadierlich, ich bin doch dr Meester."

„In der Backstube", lachte Kräuterbein.

„Herr Gablahn, wenn 'ch mit mein' Weibern ausn' Gärchengor ausdräte, dann is der bleide!"

„Ich schließe die Sitzung. Wir gehen zum gemütlichen Teil über."

Dieser endete Null Uhr fünfzehn.

Als Kräuterbein nach Hause kam, klingelte das Telefon:
„Eiliger Versehgang ins Krankenhaus!"
Fränzchen Pape, der die Krankenwoche hatte, zu wecken wäre jetzt grausam gewesen. Also nahm sich Kräuterbein die Versehungstasche, ging in die Kirche, um den Heiland zu holen, und knötterte dann mit seiner Brummfliege davon.
Um drei Uhr lag er endlich im Bett.

Die außerkirchliche Feier zum goldenen Priesterjubiläum des Erzpriesters begann mit einem mehrstimmigen Gasang des Kirchenchores. Kantor Hugo verneigte sich vom Dirigentenpult aus zum Publikum, das ihm laut und lange Beifall klatschte. Die katholische Gemeinde Sankt Laurentius war durch diese kulturelle Leistung in den Ohren der Musikkenner mindestens um fünfundzwanzig Prozent gestiegen. Der Erzpriester saß auf erhöhtem Podium in einem Prunksessel zwischen seinen Mitbrüdern und lächelte und klatschte und wackelte vor Verlegenheit mit den Schultern.
Der Personalreferent, ein kleiner, untersetzter – um nicht zu sagen pummeliger – Herr mit verschmitzten Äuglein hinter der Brille, pickte in seiner Festrede Datum für Datum die wichtigsten Ereignisse aus dem Leben des um die Diaspora so hoch verdienten Erzpriesters heraus, überbrachte Grüße und gute Wünsche „von oben" und die Ernennung zum Geistlichen Rat.

Was Kräuterbein hinten am Schanktisch, wo er seine Vorbereitungen am Lichtbilderapparat traf, despektierlich mit den Worten zur Kenntnis nahm:

„Titel ohne Mittel!"

Es beweist, dass Kräuterbein nun einmal unverbesserlich war, bis er selbst vielleicht einmal die geistliche Stufenleiter hinaufklettern würde. Er riss sich jetzt zusammen, ging feierlich nach vorn und beglückwünschte den Jubilar:

„Hochwürdiger Herr Geistlicher Rat, wir gratulieren herzlichst und freuen uns mit Ihnen über die wohlverdiente Ehrung."

Seine Handschuhgröße vierzehn lag in des Geistlichen Rates zierlicher Hand, als im Saal tosend Beifall geklatscht wurde.

„Heiliger Laurentius, nun hilf mir bitte, dass ich meine Zunge zügle und keine bissigen Bemerkungen mache, wenn ich gleich die Lichtbilder zeige" betete er, als er sich wieder an seinem Apparat zu schaffen machte.

Dann zeigte er die Bilder, Sankt Laurentius half, und im Saal war es abwechselnd mäuschenstill, oder es wurde herzhaft gelacht, ab und zu sogar geklatscht.

Ein großartiger Vortrag des Kirchenchores beendete nun den offiziellen Teil der Feier, und der Erzpriester schickte sich an, mit dem Personalreferenten und seinen geistlichen Gästen den Saal zu verlassen.

Da winkte Kräuterbein der Musikkapelle: „Klatsch-walzer!"

Da Saal klatschte. Kräuterbein ordnete schnell einen Ehrenzug der Pfarrer und Kapläne und bat den Geistlichen Rat, ihnen zu folgen. Er selbst war wie der Blitz an der Spitze und klatschte am lautesten. Aber anstatt dem Ausgang zuzustreben, machte er dreimal die Runde durch den Saal. Dann erst verabschiedete er sich vom Geistlichen Rat und kehrte in den Saal zurück.

„Auch das ist glücklich überstanden!" sagte er und setzte sich zu Bäckermeister Fröhlich an den Tisch.

„Das is dem Ärzpriester awer schwärgefalln, Herr Gablahn!"

„Geistlicher Rat, bitte!" sagte Kräuterbein la-chend. Dann stand er wieder auf und rief, so laut er konnte:

„Und nun wird getanzt! Dass mir aber keins der Mädchen sitzen bleibt! Habt ihr verstanden?" Das sagte er mit einem besonderen Blick zum Tisch der noch ledigen Kolpingsbrüder.

Lachen war deren fröhliche Antwort.

Kräuterbein packte seinen Koffer.

Albert Brombeersträuchel schaute ihm zu.

„Geht unser Geistlicher Rat auch in Urlaub?"

„Ja, natürlich, du bist hier jetzt mit Fränzchen Pape allein."

„Und wenn ich nicht weiß, was ich machen soll?"

„Dann machst du es so, wie du denkst."

„Und wenn es falsch ist?"

„Dann ist es eben falsch. Meinst du, ich hätte alles richtig gemacht?"

„Du machst doch alles richtig, Kräuterbein."

„Hast du n'e Ahnung, Albert. Aber du hast dich schon ganz gut herausgemacht."

„Veralberst du mich jetzt wieder?"

„Nee, Albert, aber du wirst dich jetzt endlich mal freischwimmen, als Kaplan natürlich!"

„Wenn du meinst, Kräuterbein, dann gute Reise!"

Er fuhr zur Mutter, eine ganze lange Nacht hindurch. Obwohl er zum Umfallen müde war, stand er oft am Fenster und schaute in die sternenklare Nacht und dankte Gott für das arbeitsreiche Jahr.

Mutter Kräuterbein wusste, was ihr Jodokus brauchte: drei Tage ununterbrochen schlafen, schlafen!

Sie brachte ihm das Essen ans Bett. Er aß und schlief, schlief und aß. Nach drei Tagen stand er auf:

„So, Mutter, jetzt bin ich wieder Mensch, jetzt kommst du dran!" Darauf hatte sich Mutter Kräuterbein das ganze Jahr gefreut.